身心灵魔力书系——特质

吸引力

雷新生/著

迷花倚石忽已暝

世界上的千姿百态，让人流连忘返，但是莫要忘了归来的路

中国出版集团 现代出版社

图书在版编目（CIP）数据

吸引力:迷花倚石忽已暝／雷新生著. —北京：现代出版社，2013.11
（2021.3 重印）

（身心灵魔力书系）

ISBN 978－7－5143－1826－5

Ⅰ．①吸…　Ⅱ．①雷…　Ⅲ．①情绪－自我控制－青年读物
②情绪－自我控制－少年读物　Ⅳ．①B842.6－49

中国版本图书馆 CIP 数据核字（2013）第 273501 号

作　　者	雷新生
责任编辑	刘春荣
出版发行	现代出版社
通讯地址	北京市安定门外安华里 504 号
邮政编码	100011
电　　话	010－64267325 64245264（传真）
网　　址	www.1980xd.com
电子邮箱	xiandai@cnpitc.com.cn
印　　刷	河北飞鸿印刷有限责任公司
开　　本	700mm×1000mm　1/16
印　　张	11
版　　次	2013 年 11 月第 1 版　2021 年 3 月第 3 次印刷
书　　号	ISBN 978－7－5143－1826－5
定　　价	39.80 元

P前　言
REFACE

为什么当今时代的青少年拥有幸福的生活却依然感到不幸福、不快乐？怎样才能彻底摆脱日复一日地身心疲惫？怎样才能活得更真实快乐？

美国某大学的科研人员进行过一项有趣的心理学实验，名曰"伤痕实验"：每位志愿者都被安排在没有镜子的小房间里，由好莱坞的专业化妆师在其左脸做出一道血肉模糊、触目惊心的伤痕。志愿者被允许用一面小镜子看看化妆的效果后，镜子就被拿走了。

关键的是最后一步，化妆师表示需要在伤痕表面再涂一层粉末，以防止它被不小心擦掉。实际上，化妆师用纸巾偷偷抹掉了化妆的痕迹。对此毫不知情的志愿者被派往各医院的候诊室，他们的任务就是观察人们对其面部伤痕的反应。规定的时间到了，返回的志愿者竟无一例外地叙述了相同的感受——人们对他们比以往粗鲁无理、不友好，而且总是盯着他们的脸看！可实际上，他们的脸上与往常并无二致，什么也没有；他们之所以得出那样的结论，看来是错误的自我认知影响了判断。

这真是一个发人深省的实验。原来，一个人在内心怎样看待自己，在外界就能感受到怎样的眼光。同时，这个实验也从一个侧面验证了一句西方格言："别人是以你看待自己的方式看待你。"不是吗？一个从容的人，感受到的多是平和的眼光；一个自卑的人，感受到的多是歧视的眼光；一个和善的人，感受到的多是友好的眼光；一个叛逆的人，感受到的多是挑衅的眼光……可以说，有什么样的内心世界，就有什么样的外界眼光。

越是在喧嚣和困惑的环境中无所适从，我们就越会觉得快乐和宁静是何等的难能可贵。其实"心安处即自由乡"，善于调节内心是一种拯救自我的能力。当人们能够对自我有清醒认识，对他人能宽容友善，对生活无限热爱的时候，一个拥有强大的心灵力量的你将会更加自信而乐观地面对现实，面向未来。

本丛书将唤起青少年心底的觉察和智慧，给那些浮躁的心清凉解毒，进而帮助青少年创造身心健康的生活，来解除心理问题这一越来越成为影响青少年健康和正常学习、生活、社交的主要障碍。本丛书从心理问题的普遍性着手，分别描述了性格、情绪、压力、意志、人际交往、异常行为等方面容易出现的一些心理问题，并提出了具体实用的应对策略，以帮助青少年朋友科学调适身心，实现心理自助。

C目 录
ONTENTS

第三章 发现吸引力的秘密

第四章 增强吸引力的磁场

第五章 善于运用吸引力

第六章　用积极的力量去创造

第七章　修炼你的吸引力

第一章

纵横捭阖的吸引力

吸引力法则，又称吸引力定律，是一种我们看不见的能量。

这种能量一直引导着整个宇宙规律性的运转，正是因为它的作用，地球才能够在46亿年的时间里保持着运转的状态。

而正是因为它的作用，太阳系乃至整个宇宙中，数以亿计的星球，都能相安无事地停留在各自的轨道上安分地运行。

这样一种能量引导着宇宙中的每一样事物，也引导着我们的生活。

每个人都有一种磁场

地球是一个磁场,有南北两极,在宇宙中受影响而自转与公转,同时,磁场内部也存在相互之间的影响。我们人类也有磁场,而且每个人都有一个属于自己的磁场。

人类的磁场除了具有生物学意义之外,更为引人注目的积极意义在于,这个磁场可以影响到我们所需要的目标和所有内心的想法,与此同时,它还会带领我们不断地向着自己需求的方向迈进。

那么,怎样从心理学角度正确认识人体磁场,发挥磁场功能,使之引领我们向锁定的目标迈进呢?这是尤其需要引起现代人格外重视的问题。

我们都知道,世界上的各种东西都是由分子和原子构成的,这些东西内部是守恒的。原子的内部不仅有原子核,原子核的外部还有运动的电子,物理学家已经证明出这些电子是能产生磁场的。就人类而言,人的思想是需要脑电波推动的,而这种推动就是电子的运动。我们可以毫不夸张地说,在我们思考的时候,我们的周围就会自然形成磁场,指引我们向一定的方向不断地付诸行动。

不管是积极的想法,还是消极的想法,只要在我们潜意识中产生的,就会指引我们去付诸实践。

很多时候,健康、财富、幸福、成功等都是需要我们的磁场去吸引的,而且这种磁场也会随着我们的想法不断地深入和加强,使内心的需求不断向我们趋近,进而为己所用,终至达到目标。

世界上成功的人是极少数的一部分人,但是其他的人难道不够努力吗?其实不然,最主要的原因就是,他们还没有认识到自己同样有磁场,更没有认识到吸引力法则对于每一个人的重要性。

当我们准备全身心地投入去做一件事的时候,我们的心里就会对这件事情的最终目的产生一种实现的渴望,而这种强烈的渴望就会让我们全身上下散发出一种神奇的力量,带领我们向着成功迈进。如果你心里一直想着你不想要的,那么,你就会吸引到自己不想要的东西;如果你心里一直想着你想要的,那么,你就会吸引到自己想要的东西。这种吸引就是一种循环,好或者坏全凭你自己把握。

福特汽车创始人亨利·福特说:"认为你行或者不行,你都是对的。"一个人想什么,他就会做什么,也就会得到什么。我们常常会听到身边人问:"你为什么会有这么多朋友?你身边这么多朋友,你和他们的关系会不会长久?"

我们常常会思考,可总是局限于某个问题来不断思考,但由于我们怎么想的就会指引我们怎么做,接下来就会出现两种想法:第一种,我们会想白发如新,倾盖如故,交到一个朋友就算一个,而这个朋友就是我们一生的朋友;第二种,我们就会不断想什么样的朋友才算是真正的朋友呢?他是不是对我不够好啊?我是不是应该把这些朋友舍弃?人无绝交,必无至交,放弃他一个,也许会有更多的朋友等着我呢。

这样两种想法会产生两种截然不同的结果,第一种想法演变成的结果就是和朋友天长地久,相扶相帮,走过一生;第二种想法则会让我们不断放弃朋友,不敢付出真正的友情,以至于最后孤单终老。

朋友多少,关键在于你磁场的强弱,磁场强,则朋友多;磁场弱,则朋友少。也许我们想要做的不一定是对的,但是这种想法会不断指引我们向着成功迈进。更多的时候,我们会不由自主地被想法所带动,然后用心去做,最后的结果也就成了顺理成章的事情了。

如果我们能调节好自己磁场中的"正负极",那么,我们的磁场就会发挥出它应有的效力,带领自己走向成功。如果我们把这个"正负极"弄反了,我们的磁场将会变成一团乱麻,而成功也会和我们渐行渐远。

在一座寺庙里,一位非常漂亮的女人在进香时看上了这里的一个和尚。如果一对俊男靓女在爱情一开始就能花前月下,深情款款,莺声燕语,自然会别有一番风月,但是这其中的男人,竟然是一个和尚,这听起来就是大煞风景了。女人毫不气馁,她主动邀请和尚去她家住上半年。

和尚说:"住或者不住,我都要听从我师父的意见,只有征得他的意见,我才能作出决定。"

这个消息不胫而走,其他和尚非常气愤地说:"色戒是大戒,身为和尚,你碰都不能碰女人,而你还想和她在一起住半年,这不是大大地违反了清规戒律吗？"

师父得知这一消息后却淡淡地说："我告诫所有僧众不近女色，但是他已经跳出三界外，不在五行中。我观察他很久了，他确实是尘缘未了，和我们一点儿都不相同。"

于是，师父就允许这个弟子和那个女人去了。

师父的这个决定引起了僧众的极大愤慨，纷纷说一些诋毁这个和尚的话语，说他已经和那个女人结婚生子了，变得非常堕落，这是对佛祖的大不敬。半年之后，那个和尚回来了，出乎意料的是，那个漂亮女人也跟在了他的后面。师父看了看，就问女人："你们这半年如何了？你有什么要对我说的吗？"

女人说："我这次来，不为别的，只是想请您收留我，让我剃度出家吧！我试图吸引到您的弟子，用各种办法诱惑他，但是他依然只停留在自己的内心，不为我的言行所动。我在他的眼睛里看不到任何欲望。我想要改变他，没想到他却改变了我。不是他带我来到这里出家的，而是我自己坚持要来。我想学习他这种坚定的信念，好好保持住自己，不为外界所动。"

事实证明，磁场运用的妙处就在于收发自如，自己强大的磁场不仅能影响到自己，更能影响到别人，甚至改变别人。

我们都希望和优秀的人成为朋友，但是这样的想法往往只是一种一厢情愿，很难实现。但是，只要我们透彻地理解自身的磁场，并且把自己最需要的东西放在磁场之中，与优秀者为伍的愿望就会实现了。我们说吸引力并不是魔法，但它可以发挥出魔法的效力。

我们每个人都有潜在力量，只是这种力量总是深埋心底，很难被激发出来。

魔力悄悄话

如果我们更加关注自己的潜意识，不断发挥出它的作用，就会建立自信心，增强自己的斗志，使得自己的磁场发挥出最大力量，吸引住成功的注意力，进而获得认可，取得成功。

认识你的潜意识

我们都知道存在决定意识,但我们也常常会为意识的产生而纠结,因为意识的产生很难用常规思路来解答。在实际生活中我们体会过一种现象,那就是预感,其实,预感恰恰就是潜意识发挥效应的所在。

1948年,苏联有一位名叫迈兴的预言家要到阿什哈巴德演讲,但是他刚来到这里,就被一种不安的情绪所笼罩,最终,他只得选择离开。

没想到,三天之后,阿什哈巴德就发生了大地震,而这场地震共造成5万多人丧生。

第二次世界大战时期,美国预言家塞西就曾经帮一些战士预测过自身的安危。当塞西预测到某个人将会殒命战场的时候,他的心里非常伤心。

预感是由一种潜意识在发生作用,它可能让我们感到不安、恐惧等,而这种潜意识就促使我们及时采取行动,避免灾难发生。吸引力也是如此,如果你的潜意识认为自己将会如何如何,随着时间推移,等到结果出现之后,你才会发现,自己所想的和现实如出一辙。预感有时候也被人称作第六感,很多人都有过这样的经历,就是一直在想某人的时候,他就会不经意地出现。

这种现象不能单单以巧合来进行解释,更应该说是潜意识的一种外在表现。潜意识就是让吸引力产生的最根本原因。

潜意识和显意识都是意识,潜意识存在于我们的大脑之中,只是我们很难判断出潜意识是否是真实存在的。但在某种特殊情况下,潜意识往往会发挥出巨大能量,让我们能够能动地、积极地不断向着成功的方向迈进。

很多时候,我们的能力需要被唤醒,而唤醒我们能力的就是潜意识。有时候,我们做梦的时候,会发现潜意识在为我们制造着各种各样的梦境,有的时候我们还会被自己的梦境所惊醒。这时,潜意识的吸引力就会不断展现出来,进而装满我们整个大脑。

在现实生活中,只要我们坚持自己想要得到的,并且不断地让这件事情吸引我们的注意力,我们就会为这件事情投去更多的重视目光。有了这样的吸引力,再加上我们坚持不懈的努力,我们想要实现的梦想就会成为现实。

我们的潜意识具有一定的吸引力,有的人看到这句话也许会问,既然我们的潜意识有吸引力,为什么我们想要吸引金钱却吸引不到呢?我们活在当下,所要面对的是形形色色的现实问题,如果我们仅仅像童话中的阿里巴巴一样,念一句"芝麻开门",金钱就会源源不断地装进你的口袋,这样的事情显然是不可能的。

吸引力虽然有神奇的力量,但是如果你没有因为吸引力而对金钱提起关注的话,再大的吸引力也不可能为你带来财富。假如你的心里没有对金钱的欲望,每天只想悲天悯人,只是伤怀感世,那么我想,在不久的将来,你内心的激情会荡然无存,而你的这种状态也将会对你的一生影响深远。

我们每个人都是机会的创造者,关键是在于你愿不愿意利用自己的吸引力去创造。很多人想要强大富有,但是却没有被自己的这种潜意识所吸引,反而听之任之,不去发挥自己的主观能动性,最后的结果只能是非常可悲的。

日本医学博士兼量子力学专家江本胜通过对水结晶的研究发现,人能发出无形的意识,而这种看不见、摸不着的意识会影响到外在物质,让其发生变化。

江本胜博士的实验表明:如果人们对瓶子里的水发出的潜意识是爱和感谢的时候,瓶子里的水就会变成非常漂亮的六角形结晶;如果人们对瓶子里的水发出的潜意识是愤怒和悲伤的时候,瓶子里的水就会变得非常散乱、破碎。

很多世界著名的量子物理学家经过研究发现,人类的潜意识和宇宙的物质休戚相关。潜意识也是能量的一种,而这种能量能对我们周围的能量和物质产生影响,并且引起变化。

著名科学家爱因斯坦曾说:"想象力是一切!它是你生命中即将被吸引来的结果之预演。"所以,你所发出的潜意识就是你想要的结果,不管这样的结果，是好是坏，这都是你自己吸引力所引发的。

相信奇迹的人总是能创造奇迹。有些奇迹是很难让人相信的，但是人类却依靠自己的吸引力不断让奇迹在身边上演着，比如飞机上天、登月、探查火星等，这些都是以前人们不敢想象的，但是现在我们却一一实现了。社会仍然在不断向前发展，必然还会有更多的奇迹出现，只是等待我们去创造罢了。

如果我们总是想象天堂的样子，那么，我们的身边就会呈现出天堂的美好；如果我们总是想象地狱的样子，那么，我们将会厌恶身边的所有东西。

魔力悄悄话

中国人常说，相由心生。很多时候，成功也是如此，只有我们心里敢于去想，不断被自己的潜意识所催化，我们在心中才会产生一种奋进的动力。吸引力往往会在我们出现瓶颈的时候出现，促使我们卸下疲惫，向着梦想的远方不断迈进。

你可以吸引来你想要的任何东西

很多人逢年过节或遇到值得庆贺的喜事时,都会送上"心想事成"的祝福语。当我们充满愉悦地接受这句话时,很奇妙,我们身边就会好事连连。当一个人在潜意识里告诉自己,我想象我已经拥有了我想拥有的东西,那么他的心理和生理都在为机会的到来作着相应的准备。当某一天他遇上机会的时候,实现梦想只是水到渠成的事情。这也可以用来解释为什么"机会只垂青于有准备的人"这句近乎于哲理的话。

美国著名的心理学家和人际关系学家卡耐基在他的交际与成功学著作中,以超人的智慧、严谨的思维,让数代梦想成功的人们从中汲取力量,从而改变眼前的生活,开创崭新美好的人生道路。然而,你可曾知道,现在看来风光无限的卡耐基最初的人生道路也是充满坎坷的,他年轻时做过多种职业但都不成功。

在他从事汽车推销时,很长时间都没有开过一个单子,他为此感到沮丧万分。

一天,他向一位买车的老先生讲述了自己的烦恼:"那天凌晨,对着一盏孤灯,我对自己说:'我在做什么? 我的梦想是什么? 如果我想要成为作家? 那为什么不从事写作呢?'您认为我的看法对吗?""好孩子,非常棒!"老先生的脸上露出轻松的笑容,继而说:"你为什么要为一个你不关心又不能付你高薪的公司卖命呢? 你不是想赚大钱吗? 写作,在今天也是个好行当呀!"

"不,老先生,放弃工作是不可能的,除非我有别的事可做。但是我能做什么呢? 我有什么能力能、使自己满意地赚钱和生活呢?"老先生说:"你的职业应该是能使你感兴趣,并发挥才能的。既然写作很适合你,为什么不试一试?"就是这句话让卡耐基茅塞顿开,埋藏在胸中奔涌已久的写作激情,被老先生的几句话激活了。从那天起,卡耐基决定换一种生活,他要当一位受人尊敬、爱戴的伟大作家……

由此可见,一生都在推崇心想事成吸引力法则的卡耐基,首先是这个法则的最大实践者和受益者。关注什么吸引什么，这是西方人对吸引力法则的简单定义，通俗一点儿说，就是专注力。

不知道你有没有听说过日本首富孙正义的故事，他的成长经历说明：如果我们带着梦想和专注上路，吸引力就会发生作用，成功就可能更容易到来。

孙正义两三岁的时候，他的父亲一再告诉他："你是天才，你长大以后会成为日本首屈一指的企业家。"在孙正义六岁的时候，他就这样跟别人作自我介绍："你好，我是孙正义，我长大以后会成为日本排名第一的企业家。"孙正义每一次自我介绍都加上这一句话，直到后来他成为日本首富。孙正义给自己制定的个人蓝图：19 岁规划人生 50 年蓝图；30 岁以前，要成就自己的事业，光宗耀祖！40 岁以前，要拥有至少 1000 亿日元的资产；50 岁之前，要作出一番惊天动地的伟业！60 岁之前，事业成功；70 岁之前，把事业交给下一任接班人！他是这么规划和梦想的，也是这样实施的，并且最终这位后来的日本首富成功做到了。

不难看出，吸引力法则的神奇魔力。当然，这样说并不代表我们认为吸引力法则是"魔法"。毕竟，一个人是不能仅仅通过梦想就得到物质财富、实现成功的，他还需要采取实际行动。但是在付出同样努力的情况下，如果你善于运用吸引力法则，那么，实现你梦想的人生的可能性就会大大增加。

这个世界上大致有两种人：一种是根本没有梦想的人，另一种是有梦想却不懂得专注，最后变成没有梦想的人。相信没有谁不梦想自己拥有健康、财富和充实的生活，但是绝大多数人终其一生都不能如愿以偿，并非他们不能实现梦想，而是因为他们害怕、恐惧，或者逃避、找借口，总是充斥在消极情绪下，不够专注自己内心的真正需求。对于这样的人，应该将"关注什么，就吸引什么"的理念注入心中，并采取相应的行动，直至梦想成真。

最后，重申一句：我们若全神贯注于财富上，财富就会增长；若专注于健康或自由，健康与自由也会增长。那么，你一天到晚都在专注什么呢？

专注想要的

能量会随注意力移动。专注于美好的事物，美好事物就会越来越多；专注于让你感到愉悦而舒服的情境，这些情境也会变多。当你对某些事物有所感应,要给予认同并专注其中。因为专注可以促进成功。这个世界上的很多人之所以无法拥有他们想要的,究其原因,关键在于他们对"不想要的"关注的比"想要的"(所愿)多得多。这些人成天到晚地都在关注着他们"不想要"的事物,却在纳闷怎么这些烦心事总是接踵而来。问题就出在这里。正确的做法是:专注"想要的",而不要专注"不想要的"。

创造事物的法则,是放诸四海而皆准的,不管是创造一辆高级轿车,还是创造一条造型独特的围巾,都是一样的道理。把心思专注于你已经投入适当情绪的事物上,于是产生适当的振波,接着如意的结果便发生了。就算你聚集全世界所有积极正面的想法,也无多大的用途。无论是为人慷慨、发慈悲心,或者祈求祷告,彻夜跪地拜佛,或是把头往坚硬的墙体上撞,都无法让你一生的愿望成真。除非我们启动磁性振波,不差分毫地把我们"想要的"吸引过来,否则上述一切是怎么也创造不出来的。

按照吸引力法则,当你放射一种愿望(或喜好)时,本源能量自然会接收到你的振动,从而作出回应,这时候你就必须与之共振。也许有人会问:"如果我的愿望得到了回应,那我为什么无法察觉呢?"这是因为你虽然生出了某种愿望,但一般的情况却是,你并没有全心全意地关注于愿望的本身。反而是将自己抛入了那个促使愿望发生的相反情况。如此一来,你的振动只是引发愿望的那个原因,并非愿望本身。

至于"不想要",它是一个泛滥了几百年(甚至可以说猖獗了几千年),比人类所曾见过的瘟疫更为严重的流行病。当人们把主要的所思、所言、所行都专注于"不想要的"事物时,这种"流行病"就会一直流行下去。不过,如果你的所言、所思都只专注你"想要的",你就会成为美好生活的开拓者。

为了更形象地说明这个问题,我们举个例子。车子老旧了,经常需要修理。我们就会开始注意到它不再亮丽,想要拥有一辆新车的念头便会在脑海中盘旋。当你想要一辆可靠的新车的想法异常强烈时,你的愿望就会发射出振动,本源立刻接收到并马上作出回应。

值得一提的是,如果你并没有将注意力放在新的愿望上,也不是持续将新车的美好想法放在心头(唯有如此,方能与你的新念头形成相容的共振),而只是一味回过头去看那辆现有的、让你萌生想要一辆新车的老车。那么,你心里就会不断嘀咕:"这辆老车真是个鸡肋,食之无味,弃之可惜。太让我伤脑筋了!"殊不知,如此一来,你也就将自己的振动转移到旧车上面去了,而不是放在拥有新车的愿望上。

这种情景导致的结果就是,尽管你想要的是一辆新车,心中所想却都是旧车的坑凹、刮痕等。如此一来,你就在无形中强化了自己不满现状的振动。在这种情况下,自然会丧失与新愿望共振的机会。我们前面说过,对于现实中你不想要的东西,越是在乎,你真正想要的就越不会发生。换句话说,如果你全心全意地想着你华丽的新车,它总是会到来的;如果你总抱怨那辆靠不住的老车,新车是不会平白无故地从天上掉下来的。全心全意想着新车与万般不满于旧车之间,貌似并没有什么差别。然而,一旦留意你的情绪导引系统,两者的差别也就显而易见了。

事实上,吸引力法则只是回应你的思想,它不会理睬你所感受的是好是坏,也不会管你想不想要它。你的头脑是根据情景来"干活"的。由于大多数人都没有热衷于去思考自己想要在人生中遇上什么,所以就只能一再吸引那些自己根本不想要的情境。比如,倘若你说"我不想疯狂",你的头脑就会创造"疯狂"的图像,并发出"变疯狂"的振动频率。当宇宙接收到了"疯狂"的频率,然后就会作出相应的回应。又如,倘若你只是看着堆积如山的债务,并对它感觉糟糕至极,那就无异于在对宇宙发出讯息说:"我真的感觉糟透了,因为多如牛毛的债务!"这样一来,你只是向自己确定了它的存在,你在生命中的每个层面都会感觉到它,最终只会吸引越来越多的不良感觉。

魔力悄悄话

你必须将自己的注意力倾注在你想要的事情上,而不是相反。也就是说,你必须将关注点放在"想要的",而不是"不想要的",这一点对达成所愿至关重要。既然已经知晓这个道理,那就从即刻开始,用一种积极的方式陈述你的愿望吧。

吸引力的思索

一个人知道对父母感恩,这是人的本性;一个人不知道对父母感恩,就等同于机器人。人的本质特征是具有社会性,所以我们每个人的思想都必须经过社会的洗礼,才能充分展现出一个人真正的道德品质,而感恩无疑是我们每个人都必须具备的道德品质。只有懂得感恩的人,才会知道亲情、爱情、友情的珍贵;只有懂得感恩的人,才能让吸引力更有味道。

那么,究竟有没有什么样的力量能够持续几十年,甚至上百年呢?有,这种力量就是感恩!感恩是人性中的本能,就像乌鸦反哺一样,这是世上生物的一种生存本能,它会成就你的吸引力,指引你走向成功。

感恩是人类的最初情感,它可以激化你吸引力的磁场。不懂得感恩的人就会丧失掉自己的激情,从而一生贫困。如果我们不去感激我们身边的人,就不会学会感激现在自己所拥有的一切。生命精彩,如果没有感恩的陪伴,将会变得暗淡无光。如果感恩这种情感无法出现,那么,我们所有的感觉与思想都是负面的。这些负面的感觉和思想会抹杀掉你的吸引力,不仅会失去你追求其他目标的希望,更会失去你现在所拥有的一切东西。

感恩现在你所拥有的,你才能收获更多,如果你不会感恩,只是被负面情绪所影响,那么,你的人生将会是非常悲惨的。吸引力法则是非常喜欢接受感恩这种积极思想的,并且会帮助你吸引到越来越多的同类东西。在此之前,你必须善加利用自己的感恩思想,为你的感恩开一个好头,这样一来,美好事物才会属于你。

现在的时间概念只是一个虚构的概念,爱因斯坦曾经告诉我们,世界上所有的事情都是同时发生的。如果我们能理解到这个概念并且接受的话,我们就会知道自己需要什么了,并且为之努力奋斗,不断吸引,进而达到自己的目的。

事物的存在不是偶然的,你拥有的事物也是如此,只有学会感恩,才能长久拥有这些事物。预先去感恩你即将拥有的事物,你的人生才会美好,你的吸引力才会变得强大。

在感恩节这一天,有一位先生垂头丧气地来到教堂。他在牧师身边坐了下来,开始诉说自己的苦难:"每个人都说感恩节要感恩,但是现在的我饥寒交迫,为什么还需要感恩呢?我已经失业一年多了,找工作也找了半年多,但是却没有人用我,你说,我还要感恩什么呢?"

牧师对这位先生的牢骚未加评论,而是问他:"你真的一无所有吗?其实,你拥有很多!好吧,我给你一张纸和一支笔,你把咱们两个人的问答都记录下来。"

牧师问这位先生:"你有妻子吗?"

他回答说:"我有妻子,但是她说我太贫穷了,就离开我了。但是我知道,她仍然爱着我。我一想到她还爱着我,我心里的愧疚就又加深了一层。"

牧师又问道:"你有孩子吗?"

他回答说:"我有五个可爱的孩子,虽然我不能给他们提供好的生活环境和教育,但是他们都非常听话,都很努力。"

牧师看着这位先生,接着问道:"那你胃口好吗?"

他很高兴:"我胃口非常棒,虽然我没有什么钱,但是我总会最大限度地满足自己的胃口,每天吃饭的时候,我都会非常高兴。"

牧师又问他:"你睡眠好吗?"

他答道:"我睡眠很好,每天都是一觉到天亮。"

牧师又问:"你有朋友吗?"

他回答道:"我有朋友,而且非常好,在我失业这段时间,他们给了我无微不至的关怀,而我却没有什么可以报答他们的,这让我深以为憾。"

牧师继续问他:"你的视力怎么样?"

他回答道:"我的视力非常棒,就算是很远的东西,也能一下子看清楚。"

等到这几个问题都问完了之后,这位先生的纸上就出现了6条信息:我有一个好妻子,我有5个好孩子,我有好胃口,我有好睡眠,我有很多好朋友,我有好视力。

牧师听他读完之后,就说:"祝贺你!你拥有这么多美好的事物,还有什么要求呢?你回去吧!记得要学会感恩!"

这位先生如梦方醒……

很多时候,我们总是看不到自己拥有什么,反而让自己为了一些不切实际的目标疲于奔命。当目标很难实现的时候,我们更要学会感恩,感恩能让我们看清得失,能让我们发现生命中最美好的东西,能吸引我们继续追寻同已经拥有的同样美好的东西。宇宙不分好坏,积极的情感能使我们在最大限度上获得进取的能量,创造美好的未来,所以我们要保持积极乐观的心态。

经过科学家的计算,在我们大脑里,每一秒钟都会产生五六万个念头,但是我们如何有效地利用这些念头呢? 这些纷繁复杂的念头,从根本上来说只有两种:一种是积极的、正面的;另外一种则是消极的、负面的。这两种念头不会同时存在,而我们大脑中想着什么,就会装下什么念头。

魔力悄悄话

我们在每一天的生活中,会遇到各种各样的人和事,因此就会产生各种各样的念头,而这些念头就会影响到我们一天的运气。

意念是吸引力的先行

在现实中，无论我们想做什么事情，我们的意识总是活动在最前面，也就是说，只有先有意识，才能激发出我们实践的动力。如果我们想要追求成功，首先就应该在我们脑海里形成成功的意识，这样，这种意识激发出我们的吸引力，进而促使我们付诸行动，让我们离目标越来越近。

吸引定律是西方人的惊天秘密，过去知道这个秘密的都是西方的伟大人物，比如苏格拉底、柏拉图、爱因斯坦、牛顿等人。吸引定律具有普遍意义。只要我们能够了解到这个吸引定律，世界上就不会再有办不成的事情了，而梦想也终将会实现。

宇宙中的一切事物都是普遍联系着的，没有单一存在的孤立的事物。我们知道磁铁能够吸引另外一块磁铁，就是因为磁铁周围的东西被磁铁同化，产生了磁场，进而吸引到了同类的东西。吸引力也是如此，世界万物都可以消失，只有能量是在宇宙生成时就有的，永远不会消失的。如果把我们每个人都看成一个能量场，那么我们就可以依靠这个能量场，吸引到同类型的东西，这就是所谓"物以类聚"。

从我们呱呱坠地那一天起，我们的意识就开始存在了，并且不辞辛劳地开始了它的工作。我们现在所面对的一切，都是我们意识作用的结果。意识就是我们行动的先行，也是吸引力的先行，它可以帮助我们无限趋近于成功。

在我们的一生中，之所以会面临不尽如人意的现实，主要就是由我们的意识决定的，这种意识就是吸引力定律中不可或缺的重要组成部分。不管你怎样看待吸引力定律，它从古到今都在发挥着作用，你所经历的事情，也都是吸引力作用的结果。

在生活中我们会经历许多许多，工作上被上司批评，生活上事事不顺心，如果有人要问：难道这些也是自己吸引的吗？我要肯定地告诉你，是的！比如你被上司批评，会产生焦躁、愤怒的心理，这种心理会直接影响到你对其他事物的看法。问题的严重性在于,这种相互吸引会形成恶性循环,很有可能引发连锁反应。如果我们继续过分关注消极面,就会吸引到这些消极情绪,让自己走向死胡同。

相比之下,在对待喜欢的事物时,我们意识中就会自然产生一种愿意接受的心理,我们的吸引力就会向这些事物不断辐射出去,想要控制它们,拥有它们。我们怕失去这些美好的东西,所以我们每天都想要吸引它们,试图留住它们,这时你的心里就会害怕,害怕失去。不过事实上往往有这样的情况,你越喜欢的东西就越容易消失,因为你的意识里已经有了怕失去它的这种消极意识,这种担心就会促使你的吸引力消失,让这些美好的事物脱离于你的掌控之外。

一个小女孩的弟弟不幸患了肺炎,但是她的家里一贫如洗,根本没有钱来给弟弟治病。弟弟的病情却是越来越严重了,母亲抱着弟弟失望得痛哭流涕:"你弟弟如果还想要康复,那就只能相信奇迹了!"

女孩搜了一遍全身,只找到了5美分。女孩手中攥着这5美分跑出了屋子,来到了一家百货商店。

售货员问她:"小姑娘,你想要买点什么啊?"

小女孩说:"我想要买一个奇迹,但是我总共只有5美分,不知道够不够?"售货员不知道小女孩是什么意思,一时无法回答。

旁边有一个正在购物的男子听到女孩的话,不由得走过来问道:"小姑娘,你能告诉我,你想买到奇迹用来做什么吗?"小女孩把来龙去脉说了一遍。

购物男子接过小女孩的5美分说:"嗯,你给的钱刚刚好,正好是一个奇迹的价格。既然你这么需要奇迹,那么我就卖你一个,你赶快回家吧!你想要的奇迹马上就会出现。"

小女孩回到家中。

没过多久,女孩家门前有一辆救护车开了过来。车到跟前,在商店遇到的那名男子从车上下来,对小女孩说:"我是××医院的院长,我是来还你一个奇迹的,现在我们快带你弟弟去医院吧!"

经过热心院长的精心治疗,奇迹出现了:女孩的弟弟康复了!

其实奇迹并不遥远,我们的意识时刻在左右着奇迹是否能出现。如果

吸引力——迷花倚石忽已暝

我们有强大的吸引力，并且付诸行动的话，奇迹的出现则是水到渠成的事情。我们已经懂得，潜意识需要什么，就会得到什么；在更多的时候，我们需要的是一种吸引，而这种吸引，指的就是可以吸引到我们身边和我们同类型的人，就像那位××医院的好心院长。

凡是认识到吸引定律的人，总是会说吸引定律有这样一个过程，即想法——需求——现实。如果说现实中有无穷无尽的财富，那么，意识就是获得这些财富的必经通道，而吸引力就是吸引财富的必备条件。

我们大多数人都读过《一千零一夜》中"阿拉丁神灯"的故事，神灯里跳出来的巨大精灵总是会重复说这样一句话："你的愿望就是我的命令。"其实，我们每个人的头脑里都有这样一个精灵，它可以为我们提供一切可以实现的目标，而后，通过我们的吸引力把这些理想变成现实。

魔力悄悄话

《汉书·董仲舒传》中说："临渊羡鱼，不如退而结网。"如果我们仅仅是停留在想象阶段，那么吸引力起到的作用几乎等于零。既然需要，就要努力为之奋斗；既然渴望成功，就要勇敢追寻，这才是我们心底最真的呼唤，这才是我们实现梦想的第一步。

正面吸引力

在现实生活中,我们总是希望不去想一些无法改变的事实,比如上班迟到、年终奖化为泡影等,但是有时候我们越不想,这些东西离我们就会越近。这些想要抵制的思想总是如影随形,就像是狗皮膏药一样贴在我们身上,越是想除去,反而黏连得越紧。

世界上每个国家都渴望和平,但是我们越反对暴力与分裂,恐怖分子、分裂分子就越猖獗,国家稳定性就会越差;我们越去反对垄断,世界上的垄断就会变得越来越激烈……与其去抵抗,总是想不要怎么样,不如去想需要怎么样,我们更应该被正面情绪所指引,倡导和平,提倡自由贸易,这样,我们才能被正面情绪所吸引和影响,进而向成功迈进。

吸引力的反力是社会上的普遍现象,我们越是反对抵制,这些东西往往会越来越顽固。在药物使用上就有这样的情况,抗生素可以用来杀菌消毒,但是如果我们把药量加大,用药时间过长的话,细菌和病毒就会产生抗药性,让抗生素永远失去作用。此外还有,比如现在电脑使用越来越普及,但是电脑病毒应运而生,而且我们越是抵制,电脑黑客就越猖獗,制造出的病毒就越难以去除,虽然网络反病毒专家不断与时俱进,但是却无法一劳永逸。所有这些就像我们所说的"道高一尺,魔高一丈",我们越是抵抗,负面情绪就会越来越顽强,最后,你的抵抗变得不堪一击,而负面情绪会不断吸引到你,最后,你为抵抗付出的一切努力就会付诸流水。

心理学有一种暗示现象,越是暗示对方这是不好的东西,对方越是好奇,越是采取非常措施,按你的暗示去尝试一番。

英国有一家灯泡生产商,为了避免小孩子把灯泡当成食物而放到嘴里,就在灯泡上写上"不要把灯泡放到嘴里"的警示标语,没想到厂商越是如此说明,就越有小孩耐不住好奇心的吸引,把灯泡放进嘴里,拔不出来,最后只得叫来救护车,问题才得以解决。

吸引力——迷花倚石忽已暝

吸引力反力是心理学暗示现象的一种：我们越是想抵制负面情绪，负面情绪就越猖狂，并逐渐吞噬掉正面情绪，最后，我们的正面情绪会被腐蚀干净。

我们所抵抗的东西会不断生长，最后变得一发而不可收。我们总是希望自己变得漂亮、帅气，但是现实中却恰好相反，因为我们总想着自己现在的美丑，继而影响到了自己未来的走向，抵抗就会变得绵软无力。这种抵抗为我们带来的将会是可怕的消极情绪的深远影响，最后，我们也会被这种消极情绪所同化。

面对负面情绪的时候，我们要做的不是去抵抗，而是去想一些积极的情绪，如果现在我们悲伤，就应该想到快乐；如果我们拖延，我们就应该想到进取；如果我们愤怒，我们就应该想到平和，诸如此类。只要我们不去抵制负面情绪，而是去想一些与之对应的积极情绪，我们就会被这样的积极情绪所吸引，进而过滤掉了那些负面情绪。

教育家陶行知在当校长的时候，有一次，他看到一名叫王友的学生正在用泥块砸同学，就当即走了过去制止了他，并让他放学后到校长室来一趟。陶行知放学之后来到了校长室，王友早已经等候在那里了。王友知道今天的训斥是必不可少的，所以就低下头，摆出一副可怜的样子。

陶行知看到王友，掏出一块糖来，微笑着说："这是我给你的奖励，你准时到来了，而我却耽误了。"王友非常惊讶，但还是伸手接过了糖。

陶行知又掏出来一块糖来，说："这也是奖励给你的，因为你知错能改，我不让你用泥块砸人，你就马上停止了这个危险动作。"王友把眼睛瞪得老大，不敢相信陶行知竟然没有训斥他，反而先给了自己两块糖果。

陶行知继续掏出第三块糖果："我去调查了一下，你用泥块砸那些男生，是因为他们做游戏不守规则，总是欺负别的女孩。你用泥块砸他们，说明你非常勇敢，并且敢于同坏人作斗争，这第三块糖你是受之无愧的！"

王友感动得哭了："校长，你还是打我骂我吧！我用泥块砸的那些人不是坏人，是我同学……我知道我错了！"

陶行知非常开心，又掏出第四块糖："你能正确地认识到自己的错误，我决定再奖励你一块糖。但是现在，我身上的糖已经给你发完了，我看我们今天的谈话也到此为止吧！"

从上面的事例中我们看到,陶行知的四块糖换来的是强大的吸引力,他没有直接去训斥王友,他知道,越是训斥,王友就越会抵抗,最后,不仅不可能解决问题,反而会把简单的问题复杂化,而王友一旦被这些负面情绪所吸引,就很难再浪子回头了。

积极情绪能够吸引人,负面情绪也能吸引人,关键是要看我们怎么想,怎么做。有什么样的想法就会产生什么样的做法。如果我们总是被负面情绪所吸引,把握不好尺度,最后只能是在负面情绪的泥潭里越陷越深。

我们经常会发现,理想和现实有很大的差距,最根本的原因就是吸引力的反力在起作用,而这种反力为我们带来的将是无穷无尽的负面情绪,一旦把我们带上邪路,就很难把握住自己了。

魔力悄悄话

相互对立的事物总是相生相克的,你越反对它,它就会越强烈。面对吸引力反力的时候,我们应该相信自己,及时调整好自己的心态,用积极的情绪吸引自己,不断向成功迈进。如果我们用正面思维去对待的话,就可以不费吹灰之力地将负面情绪根除了。

一个充满吸引力的人生

　　吸引力法则，又称吸引力定律，是一种我们看不见的能量，一直引导着整个宇宙规律性地运转，正是因为它的作用，地球才能够在46亿年的时间里保持运转的状态；也正是因为它的作用，太阳系乃至整个宇宙中，数以亿计的星球，都能相安无事地在各自的轨道上安分地运行，这样一种能量引导着宇宙中的每一样事物，也引导着我们的生活。

　　我们生活在一个以吸引力为基础的宇宙中。这个宇宙中的每件东西都和吸引力有关。不管你是否相信它或是否理解吸引力法则，它永远都在客观地起作用。不论什么时候，不论对什么人，都是如此。

　　生活中所发生的所有事情，都是我们自己吸引来的，是我们头脑中所想象的图像吸引的。那些事情都是我们的思想导致的。不管我们头脑中想什么，我们都会把它们吸引过来。作为一个人，我们要做的事情是，持续地思考我们想要的东西，搞明白自己到底想要什么，从这一点起，我们就可以开始召唤宇宙中最伟大的法则之一，即吸引力法则了。

　　假设你躺在床上，想着如山一般的债务，并感到心情很糟糕时，你就会把这些信号发射到宇宙中。"唉！我背着这么多的债务，真是烦透了！"注意，如果你这样想象自己的处境，只能是不断地向你自己强调这种糟糕的状况，这种感觉将充盈你的整个身心。最终你会发现更多的烦恼在你身上发生了。这一情形便是吸引力法则发挥作用的结果。

　　这启示我们，当看到不想要的东西，并在思想中排斥它时，我们并没有把它推开。相反，我们激活了一个关于自己不想要的东西的思想，而吸引力法则就会把我们不喜欢的这个东西吸引到身边来。当看到想要的东西，并从心底里接受它，我们就激活了一个思想，吸引力法则响应我们的这个思想。总之，不管你是在回忆过去，或思考现实，或憧憬未来，你都是在激活一种思想，而那个宇宙中最具威力的吸引力法则，就会响应你的思想。

　　你想鹤立鸡群吗？你想一飞冲天吗？当然想！那就对未来保持积极的

态度吧！这样你才会把那些积极的人、正面的事情和好的环境吸引到身边来，从而为你的成功铺路。就算是遭遇困厄，也不要对未来感到消极、恼怒；否则，就会把那些消极的、爱生气的人和消极的、恼怒的环境吸引到身边来，最终收获一个如阴霾天气般的结局。

吸引力中的科学发展

稍微懂点物理常识的人都清楚，之所以会出现这种现象，是因为重力的作用。重力规律是客观存在的自然法则，并不以人的意志为转移。吸引力法则亦如此。

尽管吸引力法则的原则已经为大多数有志于理解其意义的人们所接受，但还是有必要澄清一点。吸引力法则与任何神秘的力量、奇特的迷信或者玄奥的"科学"均毫无联系，也不需要人们穿上怪异的服饰，或举行神秘的仪式，或摆放出一些特制的道具等来感受它的效果和力量。当然，也不需要用金字塔来装饰房间，或用香薰让房间烟雾缭绕，或睡在放有石英石的枕头上，或使用任何手镯、项链或者其他什么磁性首饰。

在我们的身体当中，时时刻刻都蕴涵着一股神奇的力量，足以让我们吸引来自自身成功需要的一切。这便是神奇的吸引力法则。吸引力法则的存在，就像地心引力或万有引力的存在，在牛顿发现并将之形成理论前，就已经存在亿万年了，它并不因我们知道不知道这个概念而存在。我们无时无刻不在接受吸引力法则的作用，吸引好的东西的光顾，或者吸引不好的东西降临。我们身上所有的东西都是自己吸引而来的。

下面这个真实的故事或许能帮助我们说明吸引力法则是一个客观存在的自然法则。

这个故事发生在几年前的一天。这天彻底改变了主人公的命运，他因驾机坠毁完全瘫痪在医院里。他的脊髓被撞坏，第一和第二颈椎折断。口腔吞咽反射彻底被破坏，甚至无法饮水。他的横膈膜被破坏，不能呼吸，能做的，只是眨眼睛。医生说，他将是一个植物人，除了眨眼睛的动作外，他一辈子什么也做不了。但是故事的主人公认为，医生们怎么想并不重要，重要的是他的想法。他想象着自己重新成为一个正常人，自己走出医院。在医院里，他带着呼吸器，因为医生说他永远不可能再自主呼吸。但有一个细小的声音一直在对他说"深呼吸，深呼吸"。最终他可以不用呼吸器了。医生们没有办法解释这个现象。在整个过程中，他不能允许任何东西进入他的意识干扰他想象中的目标。他的目标是：在圣诞节走出医院。他的目标在他的不断努力下实现了。很多人都说这是不可能的。

通过这样的经历，他用六个字总结出一个人在他一生当中能够做什么："你成为你想的。"

任何事情的背后都存在着永恒的宇宙法则，我们人类只是这种法则作用的结果。即使你不能理解上述道理，也没有必要冷若冰霜地拒之于门外。这种情景就好比是现实生活中有很多人不懂电流的工作原理，却依然能够享受到电带给我们的益处。比如，我们可以用电来照明、烧水、取暖等。

下面是世界上一些名人对于吸引力法则的说法，或许有助于你更好地参透这种宇宙间最具威力的法则。

凯瑟琳·庞德这样描述吸引力法则："你的思想、感觉、心像和言语所散发出来的一切，都会吸引到你的生命中来。"

布莱恩·崔西这样描述吸引力法则："你是一个活磁铁。你在生命中会吸引与你'主要思想'相一致的人和情境。你意识中所想的会出现在经验中。"杰瑞与艾斯特·西克斯这样描述吸引力法则："同类相吸。"

同类相吸，是宇宙中一个重要的定律，也是我们对吸引力法则最简单明了的认识，把自己想象成一块磁铁，利用它吸引自己想要的东西。当你脑中出现了某个思想，它就会把其他同类想法吸引过来。它孕育着你的思想，影响着你的整个生命。这一无上的法则，正是透过你的思想来运行的，而让这一法则起作用的，是你自己的思想。

魔力悄悄话

在心理学中，吸引力是指能引导人们沿着一定方向前进的力量。当人们对组织目标或可能得到的东西有相当的兴趣和爱好时，这些东西就会形成对人们的吸引力。这种力量一旦形成就会吸引人们不断地向目标推进。管理中组织设置的目标以及表扬、奖励、奖金、荣誉、职务晋升等都是一种吸引力。吸引力法则的秘密等于心想事成的秘密。

吸引力是成就之源

根据吸引力法则,每个人都是自己人生的设计师,都可以通过操控自己的思想和发展自身内在特有的能力,吸引来那些使自己变得强大和富裕起来的事物。你所需要的条件是学会给自己树立一个坚定的信念,并愿意投入一定的金钱、时间和耐心来持续这个信念。

所谓"信念",就其内在产生过程来讲,是指人们对基本需要与愿望强烈的坚定不移的思想情感意识;就外在表现来说,是指人们在行为中对相应目标事物所具有的坚定的评价和行为倾向。简而言之,即你达成理想目标的意愿强度,也就是说你到底想要什么? 是"想要",还是"一定要"? 是意志行为的基础。

泰戈尔说:"信念,这强烈的精神搜索之光,照亮了道路,虽然凶险的环境在阴影中潜行,信念是鸟,它在黎明仍然黑暗之际,感觉到了光明,唱出了歌。"只要你遵循吸引力法则并正确调适,在这个世界上一切皆有实现的可能!

拿破仑的父亲是一个极高傲但是穷困的科西嘉贵族。父亲把拿破仑送进了一个在布列讷的贵族学校。在这里与拿破仑往来的都是一些在他面前极力夸耀自己富有而讥讽他穷苦的同学。对于这种讥讽的行为,拿破仑非常愤怒但一筹莫展,屈服在威势之下。

后来实在受不住了,拿破仑写信给父亲,说道:"为了忍受这些外国孩子的嘲笑,我实在疲于解释我的贫困了,他们唯一高于我的便是金钱。至于说到高尚的思想,他们是远在我之下的。难道我应当在这些富有高傲的人之下谦卑下去吗?"

"我们没有钱,所以你必须在那里读书。"这是拿破仑父亲的回答。因此拿破仑忍受了五年的痛苦。但是每一种嘲笑、每一种欺侮、每一种轻视的态度都使拿破仑增加了决心,发誓要做给他们看看。后来,拿破仑到了部队,同伴都在用多余的时间追求女人和赌博,而拿破仑却用埋头读书的方法去努力和他们竞争。

读书是和呼吸一样自由的,因为拿破仑可以不花钱在图书馆里借书读,这使他得到了很大的收获,为自己理想的将来作准备。

拿破仑住在一个既小又闷的房间内。在这里,他脸无血色、孤寂、沉闷,但是他却不停地读下去。他想象自己是一个总司令,将科西嘉岛的地图画出来,地图上清楚地指出哪些地方应当布置防范。这是用数学的方法精确地计算出来的。因此,他数学方面的才能获得了提高。长官看见拿破仑的学问很好,便派他在操练场上执行一些任务,这是需要极复杂的计算能力的。

他的工作做得极好,于是他又获得了新的机会,拿破仑开始走上有权势的道路了。这时,一切的情形都改变了。

从前嘲笑他的人,现在都涌到他面前来,想分享一点他得的奖励金;从前轻视他的人,现在都希望成为他的朋友;从前讽刺他矮小、无用、死用功的人,现在也都改为尊重他。他们都变成了拿破仑的忠心拥戴者。

在这之后,拿破仑创造了奇迹:50多场的战役,仅有3场战败,连续5次挫败反法联军,共歼敌千万之众,柏林、罗马、马德里甚至在莫斯科也有法国王师的脚印。

在不到10年的时间里,拿破仑征服了大半个欧洲,册封了5个君主,灭了3个国家,整个欧洲甚至世界上也没有一个国家可以击败他,在军事上拿破仑是称雄一时的霸主,库图佐夫和惠灵顿在余生中只是感慨自己侥幸战胜了不可战胜的人。

不难看出,信念是脊梁,支撑着不倒的灵魂;信念是明灯,照耀着期盼的心灵;信念是路标,指引着前进的方向。

一个人的信念越是强烈,目标谋取就越靠近,就越是容易踏上成功的旅途。正如弓拉得越满,箭就飞得越远一样。杰出人士有个共同的特征,那就是心怀大志,想与众不同,不管遭遇什么厄运、挫折,依然相信自己是这个世界上最好的。

那么,在你的心中是否有过这样强大的信念呢?如果答案是否定的,要想对生命负责,那么,增强信念对你来说就是一件刻不容缓的事情。

只有知道自己不完美,并且不断反思自己、改进自己的人,才能走向成功。不是每个人的吸引力都能拥有强大的磁场，只有知道现实中的人生不完美，并且努力为其添砖加瓦、不懈奋斗的人，才会得到吸引力的眷顾，吸引力也会在这时不断发挥出动人的光彩。

魔力悄悄话

一个人的信念有多强，他成功的道路就会有多远。让我们牢记美国成功学奠基人奥利森·马登的教导："你的体内有着伟大的力量，如果你能发现和利用这些力量，你就会明白。你所有的梦想和憧憬都会变成现实。"

第二章 改变命运的吸引力

你是否知道，生活在这个宇宙中的人们都受一个威力无比的自然力量的支配，都被同一个规律指导着。宇宙中的自然规律是如此精确，以至于我们可以运用这些规律解决一切困难，成功地建造出宇宙飞船，还可以把人送往月球，甚至可以把着陆的时间精确到秒的几分之一。

不论你是在法兰克福、马尔代夫、洛杉矶，还是在斯德哥尔摩或迪拜，或者多伦多、大阪、东京，都受同一种力量支配，同一个法则支配。这就是吸引力法则。

吸引力法则的秘诀

古今中外，不胜枚举的事例说明，我们会成为自己心里想得最多的那种人，也会拥有自己心里想得最多的东西。如果我们可以在自己的头脑中"看到"某物，最终"得到"某物的概率就会大大增加。对于这一点，很多人也许会随声附和："嗯，是这样的！"（事实上，也的确如此）不过，令很多人疑惑的是，为什么会出现这样的现象？在这一现象的背后又隐藏着什么玄机？其实，这一现象并不神秘。看完下面的解释，你就恍然大悟了。

现代量子力学表明，世上的万事万物都是由能量组合而成的，而能量就是一种振动频率。每样东西都有它不同的振动频率，所以才出现了那么多不同事物的面貌。无论是像板凳、沙发等有形的物体，还是思想、情绪等无形的东西，都是由不同振动频率的能量组成的。振动频率相同的事物，会互相吸引并诱发共鸣。举个例子，一排音叉，当你击打其中一个，音叉发出清脆的乐声，不一会儿，其他的音叉也会发出乐声，它们的声音会互相应和，发生共鸣，甚至越来越大声。

事实上，"同频共振，同质相吸"正是吸引力法则的精髓。因为一切的本质都是振动，所以一定有自己的频率。同样频率的东西会共振，形成和鸣。和鸣的部分形成同质性，而同质的东西会因为互相吸引而走在一起。所谓"物以类聚，人以群分"，讲的其实就是吸引力法则所产生的自然现象。

我们身处宇宙之中，是有脑电波的。我们的意念和思想也是有能量和频率的，而且每种思想都有一个频率。它们的振动会影响其他的东西。如果你反复思考一个想法，或经常在脑海中想象它，比如，想象已经拥有某个职位，或已经拥有所需要的财富，或正在创业，或找到了值得托付一生的爱人……只要你在脑海中想象它们的样子，你就会持续地发射相应的频率。思想不断地发射这种带有磁性的信号，这个信号就会把相似的东西吸引回来。

曾有一位著名电影制片厂的艺术导演，在自家的每个角落，都摆放着美丽女人的画像，一个身穿纺纱的裸女，做着这样的姿势，好像在说："我不想看你，我看不到你。"

一次，他的一位朋友来到他家，朋友对他说："我想你在爱情方面有些问题。""难道你是透视眼的通灵人？""我不是，但你看，你在各处都放有这个女人的画像。""但我喜欢这样的画像，这是我自己画的。"朋友告诉他："若是如此，那更糟糕，因为你投入了自己的想象力和创造力。"

你看，这是一个外表英俊的男人，他的身边总是有很多女演员。因为他就是干这个工作的，但他没有爱情生活。

朋友对他说："你想要什么？"

"嗯，我想一星期跟三个女人约会。""那好，你就画一个你自己和三个女人的画像并且每个角落都要挂上这幅画。"

六个月后，朋友再一次遇到他，问他："你的爱情生活怎样了呢？"

"太棒了！她们主动打了电话和我约会。"

"因为这就是你的愿望呀。"

"我现在每星期大约有三个约会。她们还为我争风吃醋。"

"真有你的！"

"但我想稳定下来，我想结婚，也想要浪漫。"

"好，那你就画出来。"

于是他画了一幅代表美丽浪漫关系的画。一年以后，他结婚了，而且生活得非常幸福快乐。

这位艺术导演为什么在爱情和婚姻的道路上心想事成了呢？因为他发出另一个愿望，他有这个愿望已经好几年了。但他的愿望并没有实现，因为他的外在层面即他的房子的画一直都和他的愿望背道而驰。因此，如果你知道这个道理，你就可以开始利用它。

记住，你生活中的所有事物都是你"吸引"过来的！所以，你将会拥有你心里想得最多的事物，你的生活，也将变成你心里最经常想象的样子。这就是吸引力法则！

吸引力法则的秘密等于心想事成的秘密。美国著名新思想运动创始人之一、成功学作家华莱士·沃特尔斯认为，吸引力法则是一种自然法则。它是客观的，没有好坏之分，它只是接收你的思想，然后以生命体验的方式，把这些思想回放给你。假若你以积极的姿态行走人世，那么，你将品尝到"心想事成"的甜蜜；否则，品尝到的只是苦涩。

是的,相同的境遇,想法各有不同,但是随着时间的推移,思维方式的差别,将使命运产生巨大的反差。人生就如此简单。你拥有怎样的思维方式,也就选择了怎样的人生。

人的大脑堪比宇宙间最强大的"磁铁",会发射出比任何东西都要强的吸引力。它在发挥作用时,不仅所有美好的事物会被吸引过来。那些不太美好甚至丑恶、有害的事物也会被吸引过来。

魔力悄悄话

在日常生活中,我们要做的是,对世界发出积极的呼唤,把和你的思维振动频率相同的东西"吸引"过来。靠什么吸引过来呢? 靠你心中所持的"心理意象",即心中所想——不论你心中想的是什么,只要你的心智运转起来,你就会把它们吸引过来!

遵循吸引力的磁场

思想意识对我们有主导作用,如果没有思想,就无法支配我们的行动,我们的人生也将会失去方向。

人类之所以和其他动物有区别,主要就是因为我们人类能够产生意识,拥有复杂的思考能力,指明我们的人生方向。思想意识产生于大脑,是由千千万万脑细胞相互作用而产生的。如果想要把思想意识分析透彻,主要应该研究的就是人类的大脑。

为了研究人类的大脑,美国华盛顿史密森纳研究所艾尔默·格迪士教授做了一个实验:他把豚鼠放在了一个由某单一颜色为主色调的密闭空间里,然后对其大脑进行解剖。通过解剖,格迪士教授发现,生活在有颜色空间里的豚鼠的大脑要比其他豚鼠的大脑大得多。

还有另外一个实验,通过对不同情绪人排出的汗液进行研究和分析发现,处于愤怒状态下的人排出的汗液里,其盐分和普通人的结构有极大的不同,让小白鼠吃过这些盐分之后,竟然发现这些汗中的盐分带有毒性。

这两个实验充分说明:大脑能够产生思想,而这些思想能够非常实际地改变我们的身体状态。

记得有一位科学家在研究课题时斩钉截铁地说:“思想是一种物质。”其实,思想就是一种物质,这种物质的潜在力量大得惊人。如果我们能彻底把思想这种物质研究透彻,我们就一定能掌控住自己,把自己的吸引力发挥到最大值。

想到不如说到,说到不如做到。如果想要实现目标,首先就要敢想,这样在我们的周围才会形成一种磁场。这种磁场就像是一种环境氛围,对身处其中的人有着极大的影响。有的人把某些人的成功归结为运气,对他们的行为嗤之以鼻。事实上远没有运气这么简单。成功者之所以成功,关键在于他们遵循了吸引力法则。正是在吸引力法则的不断指引下,他们才走向成功的!

　　古印度是四大文明古国之一（其他三个文明古国是古埃及、古巴比伦和中国），在西方人眼中，古印度一直被赋予一种神秘的色彩。古印度时期，因为拥有象牙、香料等珍贵物品，曾深深地吸引了很多探险家的目光，这些人不远万里踏上这片神奇的土地。还有很多野心家也来到古印度，但他们只是为了占领这片土地，获得珍贵的物品。

　　两千多年前，希腊国王亚历山大一世亲率大军攻占了印度，并且建立了属于自己的城堡。战争并没有因此而结束，在一千多年后，荷兰人、英国人和法国人也相继到来。所有的殖民者为了争夺印度的土地大动干戈，而印度人却成了西方铁骑下的牺牲品。

　　印度人并没有因此沉沦，没有任何一个外来殖民者能够长期统治印度，殖民者的统治力量在这片神奇的土地上逐渐消失殆尽。西方殖民者有飞机、大炮，而印度人却有坚定的精神信仰。正是因为印度人心中有信仰，所以他们挺住了，没有屈从于西方人的重压，而是凭借着自己内心的力量，驱逐了外来入侵者，保全了自己赖以生存的家园。

　　印度人之所以能够取得战争的胜利，主要就是由于一位道德高尚、智慧高深的领袖，他就是莫罕达斯·甘地。这位被称为印度"圣雄"的领袖有着强大的心灵力量，不断地鼓舞着印度人。

　　甘地是一个瘦弱的小老头，提倡"非暴力不合作运动"，多次进行绝食以争取印度的独立和国家的和平。伟大的甘地带来的是精神力量的吸引，他感化了印度人脆弱的心灵，最终，帮助四亿多印度人脱离苦海，赶走了外国殖民者。也正是在这种强大的精神面前，即使侵略者拥有飞机、大炮也毫无用处。

　　史可鉴人，史可育人。坚定地追求真理，是甘地与许多历史人物的共同特征；但以纯洁的方式追求真理，则是甘地超越其他历史人物的最伟大之处。

　　甘地不仅以最简单、最原始，也是印度最传统的方式生活，更是身体力行地唤醒了民众的良知和大爱，宣告自己对世事不公的反抗，使他成为全印度人民的精神领袖，同时也极大地鼓舞了全世界所有的人。

　　我们每个人都有思想，而思想也有强弱，也有好坏，但我们不要去考虑这些，我们需要考虑的只是我们思想持续的时间。我们最初的思想就像扔在河里的石头一般，波纹随之一圈一圈地展开，逐渐向外扩展。而我们需要做的,就是在这种思想的波圈下不断受到鼓舞,让思想成为我们成功的最大助力,就像甘地那样,实现了心中的愿望。

我们想要明天成为什么样子,明天就会成为什么样子。如果我们很高兴,那么我们的思想也会高兴;如果我们很悲伤,那么我们的思想也会很悲伤……思想是受我们自身影响的,如果我们想要向成功迈进,我们首先要做的就是拥有成功的思想。

很多时候,死亡其实离我们很远,比如一个人在马路上被车子撞了一下,或者从几米高的墙上摔下去了,等等,这些事故,一般来讲不至于当场死亡。医生们在医治一些危重病人的时候,他们发现,这些病人死亡的根本原因其实与病痛无关,而是与患者自己的心理承受能力有关。这些人很容易对生命失去信心,极易产生恐慌,或者出现心理崩溃,如此一来,死亡很可能就是不可避免的。

有经验的医生在医治危重病人的时候,他们首先要做的就是先稳住病人的情绪,减轻他们的恐惧感,这样才能让他们卸下思想负担,重新找回对生命的自信。

如果我们认真研究一下那些成功人士,就会发现,无论将来怎么样,他们的想法总是比行动领先一步。如果洛克菲勒很早的时候没有想发财致富,后来的他就不会成为身家百亿的石油大亨;如果巴斯德没有持之以恒地研究化学,他就不会成为一位颇有建树的化学家……其实,我们常常会看到这样的现象,成功的人会越来越成功,失败的人会越来越失败。有的人说,他们习惯了。对,他们就是习惯了,因为他们的思想潜意识已经对自己下结论了。成功和失败的取得不是偶然,而是必然了,对自己的预期不乐观,就注定要失败。

魔力悄悄话

德国著名作家歌德说:"我们的生活就像旅行,思想是导游;没有导游,一切都会停止。目标会丧失,力量也会化为乌有。"思想是我们行动的先行,如果没有思想,我们的人生将会变得了无生趣。

利用吸引力的力量

美国一位资深心理医生曾经说："一切的成就，一切的财富，都始于快乐健康的心理。"社会中的很多人并不缺乏机会和能力，但是他们往往会与成功擦肩而过，最根本的原因就是他们没有利用心灵的力量。如果我们能利用心灵的力量，在成功的路上为自己加足马力，成功的道路就会越变越宽广。

心灵的力量可以让我们的周围产生一种吸引力，不仅可以让我们随意支配自己的行动，还可以对我们身边的人和事产生影响。你需要什么就应该去吸引什么，这样，你才会成功。

心灵，虽然听起来有些温柔，但是如果我们想要向着成功迈进，心灵就能发挥出巨大的力量。心灵能让我们创造全世界，更能够让我们的生活发生翻天覆地的变化。心灵的力量是巨大的，在适当的时候，心灵可以产生摧枯拉朽的力量。

20世纪发明的汽车、飞机等，使得人类的生活变得更加便利，而这些东西的发明，其起因仅仅是人类内心的一个个简单的想法。

我们都看过天空中飞翔的鸟儿，但是我们很少有人会认真思考。相比之下，怀特兄弟却静下心来，一直思考这个问题，不断被鸟儿飞翔的情境所吸引，坚持不懈地去思考这个问题。通过怀特兄弟不懈的努力研究，一台飞翔机器诞生了。正是这个飞翔念头的不断吸引，使得人类翱翔天空的梦想成为现实。

很多人见过苹果掉落在地上只是淡然视之，并不去深入思考。而牛顿却通过不断地理论研究和思考，发现了万有引力，解开了困惑人类已久的难题。

爱迪生时代的人几乎都见过蜡烛和汽灯，但是很少有人愿意去改进，总是认为这件东西已经足够好了，即使不去改变它，生活也不会因此变得怎么样，所以人们都已经习惯了这种生活，意识也已经被禁锢住了。但是爱迪生精通电学,并且被这种知识所吸引。爱迪生在无数次实验失败后决定采用玻璃作为灯泡的罩子,接下来,又开始寻找一种可以燃烧很长时间的灯丝。失败的打击终究敌不过爱迪生内心的坚持,随着时间推移,尝试过几千种材料的爱迪生,终于找到了最适合灯丝的材料——钨丝。

我们总是低估了心灵的力量,但是心灵的力量往往会在最恰当的时候发挥出最大的作用。无论生活怎样对待我们,我们都需要保持住内心的坚忍,把握好心灵的力量,不断吸引自己,吸引自己需要的美好事物,进而无限接近自己的目标。

有这样一个人,在他18岁的时候就开始做水手了,到了晚年,这名水手依然只是一名最普通不过的水手。这是为什么呢?

原来,这名水手总是哀叹自己命运不济,把一切过错都归咎于命运的不公。总是哀叹时也命也,到头来,非但没有抱怨出个所以然来,反而让自己碌碌无为地度过了一生。

其实,水手的碌碌无为全都由于他的内心潜意识造成的。也许这名水手曾经梦想过当上船长或者是想要另谋他处,但是他的内心不坚定,没过多长时间,这样的打算就在自己的潜意识里被否决了。虽然他对自己的工作现状很不满,但是他没有选择坚持,而是随波逐流。经过这样的多次选择和多次否定,最后,水手的结局只能是虚度年华,碌碌无为了。

水手的故事告诉我们,心灵的力量,关键在于持之以恒,如果我们只是得过且过,好了伤疤忘了疼,把自己当初内心的坚持抛到九霄云外,这样一来,心灵的力量就被击垮了,根本无法取得多大的进展。所以,我们要想走向成功,就必须适时激发出心灵的力量。

雄鹰之所以能在高空中自由自在地翱翔,是因为它有一双雄壮有力的翅膀;大河之所以能浩浩荡荡、奔流不息,是因为它有"惊涛拍岸,卷起千堆雪"的神奇力量;人生的大树之所以能够忍受日晒雨淋,长成栋梁之材,是因为它破土而出时震撼人心的自身力量。我们每个人都有属于自己的辉煌,而这种辉煌就会一直带领我们在希望的路上绽放出心灵的力量。

心灵的力量对于我们是一种潜移默化的影响,它就像影子一样,从来不会离开我们的身边,而且无时无刻不在影响我们敏感的神经,让我们在这样的神奇力量驱使下向着成功不断奋进。心灵的力量带来的是我们的吸引力。存在的必有其道理,如果我们善加利用,心灵的力量将会形成燎原之势,无法阻挡。

不同的辉煌背后总有不同的坚强,不同的坚强背后总闪烁着震天动地的力量,纵然那只是一米清爽的阳光,纵然那只是黑暗中独缀夜空的一缕光芒,纵然它只是生命中的一丝希望,纵然……然而,它终会燃烧起灿烂的梦想和希望。

奥斯卡获奖电影《美丽心灵》就为我们讲述了这样一个心灵的故事:主人公纳什是一位精神分裂症患者,他深爱着自己的妻子艾丽西亚,在妻子的帮助下,纳什经过几十年的抗争,终于战胜了病魔,并且于 1994 年获得了诺贝尔经济学奖。这是一个真实的故事,现在的纳什依旧在经济领域不断奋斗着。

魔力悄悄话

心灵的力量是伟大的,它可以带领我们驱走冬日的严寒,可以告诫我们在失败中不要沉沦,重拾信心,找到生命的绿洲。在每一个夜幕深垂的夜晚,心灵总会发出最强烈的声响,它是在告诉我们,每一天的你都是全新的,都散发着独特的魅力,继续努力,继续加油,希望就在不远的前方。

让吸引力为你服务

人的行为受潜意识支配，你想要做成什么事情，关键要看你的潜意识。如果我们跟弱者比，就会越比越弱；如果我们跟强者比，就会越比越强。如果我们很强大，就能够控制住潜意识；如果我们还不够强大，只能被潜意识所吸引，在潜意识的操控下越走越远。

只有顶尖人物，才勇于接受最严格的挑战。一流的人物，来自一流的潜意识，而一流的潜意识被一流的人物来使用，才会发出最大的威力。

潜意识就像是一种似有似无的东西，包含了我们一切感知认知的信息，并且能把这些信息分门别类，进而产生新的意念。我们需要做的就是，通过潜意识的能动作用，把我们的梦想、目标转化成积极意识，然后不断吸引同类意识，这样，我们才会把潜意识利用好，进而向着成功迈进。

阿里巴巴创始人马云说："今天很残酷，明天更残酷，后天很美好，但大多数人会死在明天晚上。"不要因为今天、明天的残酷而放弃后天的美好，我们最应该做的就是善加利用潜意识，让潜意识在我们的不断吸引下发光发热，为我们在成功的道路上前行提供一个很好的助力。

潜意识不会因为我们不去思考而停止，它会在某一个时间迸发出来，而这种潜意识就是灵感，就是机会。如果想要成功，就要注意自己的潜意识，它是我们成功不可或缺的重要因素。吸引力法则就是唤醒和激发我们的潜意识，发挥出我们的潜能，这样，成功才会被我们所吸引。

通常我们很少去运用潜意识，尽管潜意识中有很大的能量等待开发。但是如果要想让潜意识发挥积极作用，我们最应该做的就是了解潜意识的规律，不断地去吸引同类意识，以此来激发出潜意识的正面能量，让它们为己所用。

潜意识从某种意义上说就是我们的潜能，只有善加利用，我们才能吸引到它，让它帮助我们取得成功。生活中很多人都没有意识到自己拥有这样的"超能力"，总是认为潜意识是可遇而不可求的。但是我们要知道，我们在持续关注一件积极的事情的时候,会激发出潜意识的能量,不断吸引自己,不断吸引成功,可以帮助我们离成功更近一步。

很多科学家都是利用潜意识的高手,他们利用潜意识激发出了自己的潜能,因而取得了科研上的辉煌成就。

弗里德里克是发现苯结构的科学家,但是在很长一段的研究过程中,弗里德里克都不知道苯的内部结构是怎么样的,原子是怎么排列的。这个问题让他困惑了好久,一直都没有得到答案。

有一天晚上,弗里德里克在睡觉的时候做了一个梦,梦境里有一条蛇,蛇头咬住了蛇尾巴,形成了一个圆形。早上刚一起床,弗里德里克的脑海突然联想到苯分子的原子结构很可能是一个环状。

在梦的启示下,弗里德里克经过推敲、研究,再推敲、再研究,终于确定了苯的原子结构是环状的。

无独有偶,丹麦科学巨匠波恩的量子力学也是这么发现的。他在梦中梦见了一个一个的点在冲击着他,等他醒来的时候,就构建出了量子力学的雏形。

胰岛素的发现也是如此。加拿大生理学家、外科医师班廷为了能给众多糖尿病患者解除痛苦,每天都在花大量的时间进行研究。有一天晚上,班廷实在累得不行了,就躺下来休息,他梦见自己在从狗的胰腺管里提取残液,这就是胰岛素的起源。

上述几个事例说明,持续关注,就会把自己所关注的内容"写"进自己的潜意识,而这些潜意识就会在不经意的时间里比如睡梦中开始工作。高度集中的潜意识往往会吸引到成功,而合理利用潜意识就成了吸引力法则中的一个重要内容。

我们身体的每一个动作都受意识的控制,我们人生的每一步都是由我们的意识所决定的。即使我们坐着不动,我们的身体也不会停止,每个细胞、每根神经都在不停运转着,而这些都是我们无法控制的。因为这些运转着的细胞和神经有很大一部分会被潜意识吸收,这就需要我们多去吸引一些积极的意识,不要被消极意识阻塞住神经。在更多的时候,我们的潜意识是随心而发的,但是,我们需要的却是让这种随心而发的意识更趋于理性,这样,我们才能科学有效地运用潜意识,使之发挥应有的积极作用。

我们常常会看到潜意识所触发的最大潜能,比如灾难面前,幸存者之所以能够存活下来,不仅靠运气,更多地依靠就是自己的精神力量。汶川地震的时候,能够存活下来的人,都是潜意识超强的人,潜意识激发出了他们的潜能,使他们摆脱了死亡的魔爪。

积极的潜意识能够让我们的人生更精彩,更能够让我们少犯错误,少走弯路。善加利用我们的潜意识吧!

魔力悄悄话

潜意识是一个很微妙的东西,记住一件事情很不容易,因为它需要我们在脑子里反复温习,这就需要我们潜意识的不断影响;忘记一件事也是很不容易的,因为这件事已经在我们脑子里出现了,忽然之间要把这件事从我们的脑子里连根拔起,这必然会受到我们潜意识的阻挠。

塑造超强的吸引力

很多人总是会问自己:"为什么别人那么成功,而我却总是碌碌无为地混日子呢?""为什么别人跨一步就成功了,而我却走了好几步也没看见成功的曙光呢?"如此等等。这些人往往只停留在发牢骚阶段,口头牢骚发得多,实际做的却很少。

也许我们会充满感慨,回想起当年的自己如何如何,但是我们要知道,好汉不提当年勇。其实我们远比自己想象的要伟大,所以不必刻意去回顾自己的过去,现实存在本身就是一个伟大的奇迹!

我们形容一个成功者的时候,总是喜欢说"他的身上散发着人性光辉,有着无穷的魅力",这些就是吸引力的具体表现。人的伟大不仅能塑造伟大的人格,更能塑造超强的吸引力,这种吸引力是很难用时间和精力换来的。

那些没有目标,每天像浮萍一样飘忽不定的人,是没有任何吸引力的。他们的存在没有任何价值,因为他们没有主见,不能为社会提供任何有价值的信息。这些人生活态度不积极,总是依赖于别人,别人怎么做,他们就照猫画虎,不愿意去承受压力,更不想改变自己。这些人不仅谈不上伟大,反而非常渺小。

吸引力不仅需要创造,更需要保持。我们都是伟大的人,我们的出生就是一个伟大的奇迹。因为我们的出生是优胜劣汰的结果,是数以亿计的精子相互竞争,最后才成就了我们每个人的生命。

伟大的人生需要伟大的吸引力,我们的潜意识认为我们伟大,我们因此才会产生吸引力。现在社会是一个多变的社会,变就是不变,不变就是变,我们不要害怕失败,更不要保守,如果我们总是故步自封,最后,失去吸引力光环的就只能是我们自己了。

吸引力反力有着强大的作用,我们越是担心,吸引力反力就越强大。我们每个人是伟大的,但是有人成为英雄,就会有人成为停在路边为英雄喝彩的普通人。但不可否认,很多有伟大思想的人最后被普通人同化了,所以,他们到最后，也就成了普通人。

我们来看看下面的实验：

有人把一条鲨鱼和一群热带鱼放在同一个池子里，池子中央放上一块强化玻璃将两种鱼隔开。

最初的时候，鲨鱼每天都会拼命撞击那块强化玻璃，想到外面去觅食，但是换来的结果只是头破血流，而玻璃却毫发无损。

就这样日复一日，鲨鱼的斗志逐渐被消磨光了，即使玻璃出现了裂痕，也会有人马上补上一块更厚的玻璃。最后，强大的鲨鱼忌惮了，再也不去撞那块玻璃了，只是每天吃饲养员喂它的食物。

实验到了最后阶段，有人把强化玻璃取了出来。但这时的鲨鱼早已经没有了当初的激情，再也没有越过强化玻璃曾经所在的那个位置。

无独有偶，有人把几只跳蚤放在密封的玻璃瓶子里，在最初的时候，跳蚤试图逃出去，每次都跳得很高，但每次都要撞到瓶盖。在几次失败碰壁之后，为了不至于撞疼脑袋，跳蚤开始调整策略，虽然它仍旧在跳，但是跳跃高度已经不足以触及瓶盖。

这个时候，玻璃瓶盖被打开了，但是跳蚤仍然没有跳出瓶外去，因为它已经把自己的跳跃范围限制在自己所设定的范围内。其实，跳蚤只要稍微跳高一点，就可以获得自由，但是它没有。就算实验者再怎么拍桌子，跳蚤都静止不动。

这个世界上有很多条条框框，有他人为你设定的，也有你自己为自己量身定做的。有很多人总是拘泥于自己的方圆之地，不敢去突破，就算自己去做一件事情，也会犹豫不决，怕自己犯错。

我们每个人都有惯性思维，在做一件事情之前总是先给自己定位，然后再去做，但是，最后的结果往往是：没有早一步，也没有晚一步，就那样发生了。

我们要知道，人生中的挫折或者失败，其实都是对我们的考验，我们不要因此感到愤懑，感到失望，人生的美好恰恰就是从失败开始的。成功和失败只有一个转身的距离，一个人应该不仅是因为成功而伟大，也应该因为失败而后变得更加伟大。

当我们处在顺境时，我们就更需要认清自己，而不是洋洋得意，目中无人,我们要做的就是看到自身的缺点和不足,这样,我们才能继续发挥出我们的吸引力,让吸引力的磁场继续扩大,进而迈向一个又一个成功;如果我们正处在逆境,我们更应该看清脚下的路,因为我们成功的路永远在脚下,只要我们没有脱离现实的掌控,把握好人生的脉搏,继续奋斗,你的吸引力就不会消失,而你摆脱失败,走向成功也就成了水到渠成的事情了。

魔力悄悄话

我们每个人的人生经历各有不同,但是我们要知道,成功能吸引到成功,失败能吸引到失败,如果你伟大,那么你将吸引到伟大的事情。每个人都有吸引力,关键就在于我们如何善加利用,让成功被吸引,这样,我们的人生才会变得精彩。

让吸引力为自己服务

我们每个人年龄各有不同,性格各有不同,生存环境各有不同……种种的不同,给我们带来的是生活习惯和生活方式的差异。我们总是尝试改变自己的缺点,总是认为自己想要改变的就一定能改变,但是常常会找错方向,弄巧成拙,以至于使缺点被放大,变成难以根除的恶习。

我们每个人都有改变世界的欲望,但是往往我们只是停留在想上,却无法付诸实践。很难改变和不能改变是两个概念,很难改变因为吸引力的反力在起作用,我们越是想改变,遇到的就是吸引力反力强大的阻力;不能改变是因为一件事情已经成为既定事实了,木已成舟,生米已经煮成熟饭了,就算我们有再大的吸引力也无法改变了。

有人说人生就是一个又一个的圆,有大圆,也有小圆,关键是我们要找对属于自己的圆,不断改变自己,超越自己,这样,我们才不会在圆上迷失方向。金无足赤,人无完人。我们每个人都有缺点和不足,成功者也有,但是他们懂得运用积极情绪的吸引力,把这些负面情绪根除掉。这就需要我们学习《论语·学而》中曾子的话,即"吾日三省吾身",每天学会反思,学会自我完善,只有这样,我们才能让吸引力更好地为我们服务。

走在人生的道路上,我们要学会调节自己,过度自信不可,过度恐惧也不可。人生有高潮也有低谷,当你处在低谷的时候,更要时时告诫自己,不能被表面现象所打倒,如果你真的在低谷中倒下了,那么你永远无法验证这个低谷给你带来的价值。我们要看得更长远一些,把低谷当成跳板。我们既可以站在人生的最高点,也可以站在人生的谷底,这样的收放自如,才能让我们的人生更加完美。

只有知道自己不完美,并且不断反思自己、改进自己的人,才能走向成功。不是每个人的吸引力都能拥有强大的磁场,只有知道现实中的人生不完美,并且努力为其添砖加瓦、不懈奋斗的人,才会得到吸引力的眷顾,吸引力也会在这时不断发挥出动人的光彩。

　　不管我们从事什么行业,不管我们在什么领域,不管我们取得了多大的成就,我们要做的不是自满,而是继续不断完善,不断学习,为自己不断充电,只有这样,我们的吸引力才会永葆生机,不会消退。"活到老,学到老"并不是一句空话,而是我们每个人在社会中要不断努力去做的。

　　其实,我们每时每刻都在改变,我们每个人的吸引力也在随之不断变化,没有一成不变的吸引力,只有不断完善的吸引力。如果我们想要跨越平庸,走向伟大,我们最应该做的就是不断自我完善,多去学习,多积累知识,这样,我们才能让自己的视野更加开阔,让自己的思维变得更加全面,而我们的吸引力所引发的磁场也就会越来越强大。

　　在查理·华德小的时候,他的家里非常贫困,在他刚开始上学的时候,就开始为自己的生存而四处奔波了。高中毕业之后,查理就辍学了。查理每天都无所事事,和街上的混混整天混在一起,每天就是打架、赌博。

　　查理身边的朋友都是一些囚犯,在这些人的熏染之下,查理勤劳踏实的性格逐渐转变了,没过多久,他加入了一个黑恶势力组织。在这个组织里,查理的工作是走私药物,拿了钱之后他就去赌钱。查理每天都处于极度快乐和极度悲伤之中。

　　在一次走私药物的时候,查理被逮捕了,并被判了刑。在莱文沃斯监狱服刑期间,查理受尽了折磨。查理决定越狱,每天都跃跃欲试,找机会准备逃走。就在监狱服刑的这段时间,查理的心理发生了很大的变化,他经常看到越狱的人,在逃走之后还会被抓回来,并因此受到更为惨烈的折磨。查理觉得,与其去越狱,不如做好自己,等到自己出狱的时候,自己也不会一无是处了。查理埋在心底的良知被唤醒了,在良知的指引下,他走向了人生新的旅途。

　　查理每天都想要自己过得快乐,他不再打架斗殴了,每天都是尽量去帮助别人,希望别人也因为他而变得快乐。就这样,查理深得身边狱友和狱吏们的好感。

　　有一天,狱吏告诉查理,要他去电厂劳动。原来,在监狱电厂工作的那名囚犯马上就要出狱了,监狱电厂正是缺人手的非常时期,狱吏们就一致推荐查理去担任这个职务。但是,查理对电学知识一无所知,于是,他就到监狱图书馆借了很多相关书籍,认真地学习起来。在那名电厂工作过的囚犯的帮助下,查理很快学会了电学的相关知识。查理的表现,被狱吏们看在眼里,记在心上,最后,查理受到了监狱长的器重,成了电厂的主管。

在此之后,布朗比基罗公司的经理比基罗因为逃税被抓进了菜文沃斯监狱,查理对他非常好,非常关心他,比基罗非常感动。等到比基罗刑满释放的时候,他对查理说:"感谢你在我服刑期间对我的照顾。等你出狱之后,你就来圣保罗市找我,到时候,我会为你安排一份工作。"

查理出狱之后,就直接来到了圣保罗市。比基罗言出必行,按照当初的承诺,为查理安排了工作。就是这样,查理在布朗比基罗扎下了根,等到比基罗去世之后,查理就成了公司的董事长。在查理的不懈奋斗下,布朗比基罗公司业绩一路攀升,最高达到 5000 万美元以上,把同类企业远远甩在了身后。查理也因此创造了自己人生的辉煌。

查理的故事说明,人生中的每一天都是新的,每个人每时每刻也是新的,这就需要我们每天都充电。我们不怕不敢想,就怕不敢做,人生是一个不断学习和积累的过程。我们总是认为梦想很遥远,永远都是在追寻梦想,但是,我们追寻梦想的步伐越快,离梦想的距离就越远。这就说明我们吸引力产生的磁场还远远不够,需要通过不断学习来增强自己的吸引力,让吸引力产生更强大的磁场,只有这样,我们才能把梦想吸引进现实。

我们多数人会反思,但在反思之后,有的人依然走老路,不去改变。如果这样,你们自身的吸引力本来是多大现在还是多大,根本无法形成磁场。

积极的心态能够影响人,而成功更是需要积极心态的指引。只要我们被积极心态吸引,好习惯就会自然发挥出作用,而坏习惯就一定会退避三舍。世界上没有办不成的事情,只有放弃和不敢挑战的人。有人说,其实梦想比什么都宝贵,而我们却说,其实好习惯和积极的心态同梦想一样重要,因为这些是我们取得成功的基石。

魔力悄悄话

梦想是我们人生不断奋发的动力,而梦想的吸引力不断吸引我们去反思、去学习。这样,我们的人生才会变得完美,而梦想才会和现实离得更近。

消极思想吸引负面能量

从很大程度上讲。"吸引力法则"说的就是"同类相吸"的道理。但实际上,我们是从思想上的层次来说的。根据吸引力法则,"同类"会吸引"同类",当你脑中出现一个思想,也会吸引其他同类的思想过来。因此,消极思想只会吸引来负面能量。

吸引力法则有一个反例:如果你对某件事情感到十分恐惧,或者是非常否定和排斥,不希望它发生,那么很抱歉,这样的事情的发生概率就会大大提高。如果你的自我意象是一个失败的人,你就会不断地在自己内心那"荧光幕"上看到一个垂头丧气、难以担当大任的自我,听到"我真是没有出息,没有进步"之类的负面讯息,进而产生沮丧、自卑、无奈与无能的感觉,你在现实生活中便会"注定"失败。所以,我们不要拼命否定自己。

心理学上有一种"瓦伦达心态"。瓦伦达是美国一个著名的高空走钢丝表演者,在一次重大的表演中,不幸失足身亡。他的妻子事后说,我知道这次一定要出事,因为他上场前总是不停地说,这次太重要了,不能失败,绝不能失败;而以前每次成功的表演,他只想着走钢丝这件事本身,而不去管这件事可能带来的一切。后来,人们就把专心致志做事本身而不去管这件事的意义,不患得患失的心态,叫作"瓦伦达心态"。

美国斯坦福大学的一项研究也表明,人大脑里的某一图像会像实际情况那样刺激人的神经系统。比如当一个高尔夫球手击球前一再告诉自己"不要把球打进水里"时,他的大脑里往往就会出现"球掉进水里"的情景,而结果往往事与愿违,这时候球大多都会掉进水里。这项研究从反面证实了瓦伦达心态。

意识的这种特性决定了吸引力法则往往只记住正面的信息,不管你在这段信息前面加入多少否定性的词语。因此,我们在想问题的时候要想积极的方面,这样我们才能保证我们的想法产生积极的吸引效果。比如,一个总是想着减肥的胖女人,她的意识中往往会闪现自己肥硕的身躯和臃肿的体态。在这种的意识作用下,吸引力就会对身体产生潜移默化的作用,我们完全可以想象最后出现的结果。倘若换种思考方式,想象自己会变得体型优美、苗条。结果就可能变得接近她的想法了。

以下是你可能有过的吸引力发挥作用的经历:你是否曾经一开始去想某件悲伤的事情之后,就似乎越想越悲伤? 那是因为,当你持续一种想法,吸引力法则会立刻带来更多同类的思想给你。短短时间内,你就引来了如此多同类的令人不悦的思想,于是整个状况就显得越来越不尽如人意。越想,你的烦恼就越多。

在现实生活中,很多人意识不到吸引力法则,但不等于它没有发挥作用。这种情景就好比是我们并不清楚自己每天具体需要喝多少毫升的水才会觉得不口渴,但是身体中有个力量在起作用,会让你在需要补充水分的时候感觉到口干舌燥。所以,不要去预期你不想要的事情会发生,也不要去许一个连你都不相信会实现的愿望。当你期待你不想要的,你就会吸引来自己不喜欢的;而当你希望一件你认为不可能发生的事的时候,你只是在浪费宝贵的念力。另一方面,当你不断期待你一直想要的事会实现,你的吸引能力将变得无法阻挡。因此,请不要拼命否定,以便让你的吸引力发挥积极的作用。

陷入恶性循环的负面能量

很多人都唯恐自己滋生出负面的情绪。而情绪本身其实就是有磁性的能量,而由于情绪的引发,所以这个磁性的能量随时在我们体内奔腾着,我们之所以竭尽全力地去避开负面的情绪,只有一个理由:负面情绪给人的感觉并不舒适,并对负面情绪带来的冲击深恶痛绝。因此,不少人选择把负面情绪压在意识的最底层,满心以为这样一来就不用再跟它打交道了。殊不知,这其实是掩耳盗铃之举,因为负面情绪是压不住的。相反,它还会因为你的刻意压制,而变得更加强烈。

举个例子来说,如果你自我评价"习惯性的心情不好",那么,静心自省,这种"习惯性的心情不好",范围往往涉及:一点点不顺心、非常失落的感觉、严重抑郁。并且是依照"一点点不顺心、非常失落的感觉、严重抑郁"的次序逐步演进的。换句话说,你心情不好的程度实际上已在神不知鬼不觉中逐渐升级。

莉莎是来自美国阿肯色州的学生，也是她所在镇里唯一来哈佛读书的人。在她准备启程到哈佛大学前，当地的人都为她能到哈佛上学而感到自豪，她自己也庆幸能有这样好的机遇，并因此感到十分愉悦，甚至是看见路边的花草都觉得它们在冲自己微笑。

然而，在哈佛大学生活了一段时间后，莉莎的兴奋劲便与日俱减，她的心情越来越糟糕了。她觉得自己在哈佛过得很辛苦，上课听不懂，说话带土音，许多大家都知道的事自己却一无所知，而许多她知道的事大家却又觉得好笑。她开始后悔自己到哈佛来。她不明白自己为什么要到哈佛来受这份羞辱，同时更加怀念在家乡的日子，在那里，没有人瞧不起她。感到孤独无比的莉莎，觉得自己是全哈佛最自卑的人，甚至觉得偶尔飞过头顶的苍蝇、蚊子也在"嗡嗡嗡"地嘲弄她。

这表明，如果一个人的情绪，贯注在与愉悦有关的感觉上（比如说赞美、欢呼、快活、热忱、尊崇、敬畏、感激、爱护等所有在发生时会让我们感觉到温馨的时刻）的时候，他则感到心情畅快。这些情绪之所以给他这么美好的感觉，是因为它们振动频率很高，而振动频率高绝对是人们的自然状态。另一方面，当一个人的情绪，贯注在与愉悦无关的感觉上（比如说孤独、自卑、愧疚、愤怒、嫉妒、忧虑、灰心、失望、压力，甚至是轻微的担心）的时候，他就会感到心情不好。这些都是跟恐惧相关的感受，所以振动的频率特别低，也就难怪他会觉得不舒适了。而人们在自然状态下，振波的频率会更高，与此完全不同。

没有谁会觉得一个人在吞铁钉的时候会觉得舒适，然而，清楚这一点的我们，却一天到晚在做这种逆势而为的事情。我们无意识地沉溺于负面的能量里（包括我们自己以及他人所发出的负面能量），而这个情况，与我们愉悦的自然状态是完全相左的。这也就难怪我们老是觉得提不起精神来。这是当然，我们要是一天到晚沉溺于低频能量中，而且把低频能量当作是再正常不过的事情，那是怎么也不可能愉悦起来的。

所以，长此以往，你就会陷入一种恶性循环的怪圈——你一天到晚无意识或有意识地把低频能量当作是自然的正常状态，并把不自然的低频振波送到身体的角角落落。于是你感到消沉、郁闷，要不就是觉得自己像是行尸走肉，或麻痹得毫无感觉似的。既然这所有的感觉都是低频的能量波，而且你发送出去的，也是低频的能量波，所以你总是把频率低的、次一等的事情吸引过来：于是你感到沮丧，进而放出更多低频振波，接着把更多低频的情境吸引过来，于是你就越发沮丧了……

如果你不能从源头抓起，努力校正你的低频振波，那么，上述情景便会一直循环下去，直到你放弃呼吸和生命的权利为止。

魔力悄悄话

事实上，我们也常常会发现，在自己的意识中，如果拼命地否定一些东西，往往这些被否定的东西会一而再，再而三地出现在脑海中。比如，对一件特别令你痛苦的事情，当你越希望自己遗忘的时候，你就记忆得越清楚。这是因为我们的意识往往只善于接受正面肯定的信息，即使你在信息前面加了很多否定词，意识在大脑中还是以正面肯定的形式呈现。

不仅仅是梦想

简单地说,吸引力法则就是:你关注什么,就会将什么吸引进你的生活。如果你总是想着自己要去的地方和达到的目标,一年、两年、三年之后,你想象成为什么样子或许就真的成为什么样子。从这种意义上说,你所企及的目标实际上是为你定义了成功。然而,现实中仍然有不少人感慨:"我也有目标,为啥我没有吸引来我想要的东西呢?"是吸引力法则失灵了吗?当然没有。之所以会产生这种现象,可能是你的目标(或梦想)不那么清晰或者是目标的方向有所偏差。

曾有一个记者问一个成功人士,是什么因素使很多人追求成功却无法成功?成功人士回答说:"模糊不清的目标。"记者请他举例说明。他说:"就像我刚才问你,你的目标是什么?你说希望有一天可以拥有一栋别墅,这就是一个模糊不清的目标。问题就在'有一天'不够明确,因为不够明确,成功的机会就很小。"

望着记者迷茫的眼神,成功人士说:"如果你真的希望买一栋别墅,你必须先想好什么时间买下什么样的别墅,还要弄清楚你想要的别墅的价值。然后考虑通货膨胀、市场行情,算出你购买时这栋房子值多少钱。接着你必须决定,为了达到这个目标,你要做些什么,每个月要存多少钱。如果你的目标这么清楚,并且真的这么做,你可能到时候就会拥有你想要的别墅。如果你只有模糊的目标,自然愿望难以实现。"

事实上,我们身边的很多人都有自己的目标,但是,实现目标的很少。一个重要原因,就是这个成功人士点破的:目标模糊不清,只有模糊的梦想,没有清晰的目标。因此,没有对资源应用提供正确的指南,没有提供足够的压力和动力。当你有十条路要选或在两条不同的道路间犹豫不决的时候,你是不会取得什么骄人的成绩的。如果你没有坚持一条道路,或者说你没有一条道路的思想,你就很难到达自己想去的地方和实现自己的所愿。简而言之,拥有一个清晰且正确的目标对于成功的影响是威力甚大的。

吸引力——迷花倚石忽已暝

　　哈佛大学曾做过一项非常著名的关于目标对人生影响的跟踪调查。调查的对象是一群智力、学历、环境等条件都差不多的大学毕业生。其中27%的人没有目标,60%的人目标模糊,10%的人有清晰但比较短期的目标,3%的人有清晰而长远的目标。25年后,研究人员再次对这群学生进行了跟踪调查,结果是:3%的人,几乎都成为社会各界的成功人士;10%的人,短期目标不断得到实现,成为各个领域中的专业人士,大都生活在社会的中上层;60%的人,他们安稳地生活与工作,几乎都生活在社会的中下层;剩下的27%,他们的生活没有目标,过得很不如意,并且常常抱怨这个"不肯给他们机会"的世界。

　　如果没有方向,就算是能奔驰千里的良驹也只能围绕着磨盘转圈圈;如果没有方向,就算是能载货万吨的巨轮也只能在汪洋大海中徘徊;如果没有方向,就算是能展翅翱翔万里的雄鹰也只能在天空中盘旋。

　　下面这个事例就说明了方向的重要性。

　　1952年7月4日的清晨,美国加利福尼亚海岸被一片厚厚的浓雾笼罩着。在海岸西面21英里远的卡塔林纳岛上,一位34岁的妇女涉水下到太平洋中,开始向加利福尼亚海岸游去。如果成功了,她将是第一位游过这个海峡的妇女,她的名字叫费罗伦丝·查德威克。在此之前,她是游过英吉利海峡的第一位妇女。

　　那天早晨,海水冻得费罗伦丝全身发麻。雾很大,她连护送她的船都看不到。时间一个小时一个小时地过去了,千千万万关心她的观众在电视上看着她的情况。有几次,鲨鱼靠近了她,被护送她的人开枪吓跑了,而她仍然在坚持游着。在以往这类渡海游泳中,她的最大问题不是疲劳,而是刺骨的水温。

　　15个小时过去了,她很累,而且被冰冷的海水冻得全身发麻。她知道自己不能再游了,就叫人拉她上船。她的母亲和教练在另一条船上。他们都告诉她海岸已经很近了,让她不要放弃。但她朝加利福尼亚海岸望去,除了浓雾什么也看不到。

　　几十分钟之后,即从她出发算起15个小时55分钟之后,人们把她拉上了船。又过了几个小时,她渐渐觉得暖和多了,这时却开始感到失败的打击,她不假思索地对记者说:"说实在的,我不是为自己找借口,如果当时我看见陆地,也许我能坚持下来。"

后来，当费罗伦丝知道人们拉她上船的地点离加利福尼亚海岸只有半英里的时候。她说：令她半途而废的不是疲劳，也不是寒冷，而是因为她在浓雾中看不到目标。

费罗伦丝一生中就只有这一次没有坚持到底。2个月之后，她终于成功地游过了卡塔林纳海峡。她不但是第一位游过这个海峡的女性，而且比男子的纪录还快了大约2个小时。

不难看出，目标模糊不清或者方向出现偏差都是不能够获得你所欲求的一切。目标只有看得见，才能做得好。费罗伦丝·查德威克虽然是个游泳好手，但也只有看到目标才能鼓足力量来完成她有能力完成的任务。所以，当你规划自己的成功之路该如何迈步时，千万记得首先要制定出明确的目标。否则，便有可能整天碌碌无为，陷入平庸的泥潭，终其一生也吸引不来自己所欲求的事物。

魔力悄悄话

事实上，世界中的大部分成功者，在他们达到成功以前，也大都预先有了自己的目标。这些人在早期就开始对自己的人生作出了规划，他们清楚地知道自己想要什么，知道自己想成为什么样的人，他们更知道方向的重要性。

第三章
发现吸引力的秘密

　　我们想要什么,现实中就会出现什么,这是为什么呢?

　　难道我们是魔法师,我们会巫术?如果不是,为什么我们想要什么就会出现什么呢?

　　其实,我们根本不是魔法师。也不会巫术,一切的原因都是因为吸引力法则在发生作用。我们想要什么,吸引力就会吸引到什么:我们不想要什么,吸引力就会抵制什么。

　　只要我们善加运用,吸引力法则就会在我们身上产生神奇的效果。

盲从是吸引力的大敌

盲从就是一种从众心理，而从众心理是一种很普遍的心理活动。盲从是因为对自己缺乏正确判断，缺乏信心，对后果没有十足把握，只想跟着别人走，以此来明哲保身？

我们每个人都有盲从的弱点，总是喜欢听从别人的意见，别人说好，我们的潜意识中就会马上跟着说好；相应的，别人说不好，我们的潜意识中就会跟着说不好。这种盲从会迷失掉我们自己的方向，走别人走过的老路。

有人说"旅游就是去别人玩腻的地方看看"，其实，这句话说得很客观。我们总是喜欢随波逐流，总是觉得别人喜欢的东西就是好的，根本不去考虑这件东西是否适合自己，这类的盲从现象将会给我们带来最坏的结果，不仅会迷失掉自我，还会让我们成为别人的附属品。

吸引力法则首先需要我们是独立的个体，而不是任何一个人的附属品。诚然，我们都希望自己能做到最好，于是，我们不断地向别人学习。我们本以为学到的东西为己所用了，岂不知这些东西已经潜移默化地影响到了我们，让我们丧失掉了独立思考的能力，取而代之的是不劳而获的消极心理。

吸引力是属于每一个独立个体的。我们喜欢思考，喜欢展现出自己别样的思维，这样很好，这样不仅不会丧失掉我们的本性，而且还会让我们看到吸引力的强大作用。有主见的人有着强大的人格魅力，我们要做的就是让人格魅力永不消退，而这种人格魅力就是一种磁场，但凡走进这个磁场的人，都会被你的人格魅力所吸引，欲罢不能。

相对的，盲从只会让你损失掉自己本应具有的独立思考能力，让你本应具有的吸引力化为泡影。吸引力是依附于每个人身上的，它可以让成功的人更成功，失败的人反败为胜、走向成功，关键在于我们要怎样去合理利用。

有的人看到的世界很美好，而有的人看到的世界则很灰暗，关键是我们从哪个角度去看。如果我们有主见，被吸引力所吸引，我们看到的就会是美好的世界；如果我们只会盲从，就会丧失掉吸引力，眼中看到的世界也只能是灰暗的世界。

当我们总是听别人说不能做什么，这件事不可能成功等，我们就会产生同样的心理，被别人的思维所同化，这时，我们的吸引力就会变得暗淡无光了。生命的色彩关键在于每个人各有各的鲜明特点，没有雷同的，但如果我们只是盲从，别人做什么自己就做什么，我们就成了别人的复制品，别说吸引力了，就连自己本来的思维也会被抛之脑后了。

有一群青蛙准备参加一项比赛，比赛的评判标准就是到达一座高塔的顶端，谁先到达，谁就是胜利者。比赛场地坐满了青蛙，不仅有比赛的青蛙，还有很多围观的青蛙。

比赛刚开始的时候，围观的青蛙就开始鼓噪："塔这么高，根本就是不可能完成的任务。与其爬不上去，遭人嘲笑，不如早早放弃，省省力气。"一些青蛙听了之后，看看脚下，再看看塔顶，忽然觉得塔高又增加许多了，于是选择了放弃。只有很少一部分青蛙没有被吓倒，选择了参加比赛。

比赛开始了。一些坚持比赛的青蛙跳了一段路程之后，也开始疲倦了。围观的青蛙继续鼓噪："现在离塔顶还有很远的距离，不管你们如何努力，都是徒劳的，还是放弃吧！"

听到这话，绝大多数比赛的青蛙觉得自己就算拼尽全力，也不一定能到达终点，就纷纷放弃了。这时，只有一只青蛙依然坚定地一跳，再一跳，向塔顶前进。

经过很长一段时间的努力，这只青蛙终于到达了塔顶。赛场上不管是参加比赛还是围观的青蛙都非常惊讶，它们经过了解才知道，夺冠的那只青蛙原来是一只聋青蛙。

和青蛙坚持己见相反的是一对父子。这对父子赶着一头驴要到集市上去卖，赶着驴没走多久，就有行人说他们两个太傻了，有驴竟然不骑，还要赶着走。父亲觉得行人的话很对，于是就让儿子骑上了驴，自己继续走路。

父子两人继续前行，没走多远，有的行人就看不下去了，说骑在驴上的儿子很不孝，竟然不让父亲骑驴，不懂得善待老人，很不对。父亲觉得行人的话非常在理，就把儿子拉了下来，自己骑了上去。

没想到走了几步，又有行人说：你看这个父亲，只顾自己舒服，而不去考虑儿子的感受，让儿子辛苦走路，心多狠啊！父亲觉得这个人说的话也对，就把儿子拉了上来，两个人一起骑到了驴身上。

没走多远，又有善良的人心疼驴，说父子两人太心狠了，驴都快被压死了。父子俩听了这话，心发善念，就把驴腿绑上，抬着毛驴向集市走去。

别人的东西永远是别人的，如果只是照本宣科，把别人的东西拿过来，不去消化，那么，这些东西仍然不属于你，就像故事中在比赛中途放弃的青蛙和听行人的话不断改变自己行为的父子俩一样。你最应该做的就是多去吸收别人的东西，之后，经过自己的整合，让这些东西彻底地属于自己，这样，你的吸引力才会散发出来。

失败的人生会有心理阴影，而这种心理阴影是挥之不去的梦魇，就像吸引力的反力一样，越是排斥就越是难以根除。这就是一种心理盲从，是潜意识在起作用。

魔力悄悄话

我们想要成功，就要做自己的主人，这样，我们的吸引力才能由内而外地散发出来。如果我们只是跟着别人走，我们就会失去自己的观点，就会失去吸引力，再也不知道自己当初为什么要出发了。

吸引力助你成功

人们常说:"有志不在年高,无志空活百岁。"可见,志向在中国人心中的分量。有志向的人,可以散发出持续的吸引力,这种吸引力可以一直促使有志者向着成功迈进。因为有了志向就省了吸引力的指引,有志向的人从来不会迷失方向,他们知道,自己的梦想就是自己奋斗的源泉,没有什么事情、什么人可以改变。

有人说志向是人类唯一的路,人生最快乐的事,莫过于为梦想而奋斗,而奋斗就是我们实现人生价值的开始。

没有目标的人,就像是没头苍蝇一般,根本不知道自己未来的路在何方;有目标的人,前方的吸引力就会无限吸引到你,这种吸引力的光芒也永远不会暗淡,它会在潜意识里不断影响你,让你时时燃烧着激情,因为成功就在不远处等着你的到来。

"无志者常立志,有志者立长志。"志向的吸引力就像是微风,虽然看不见摸不着,但是我们却能感觉到它的强大磁场,我们身处其中,总是被一种莫名的激情影响着,而这种激情总是在我们迷茫的时候为我们指明方向。

世上的每个人都希望有卖后悔药的,但这种药根本就不存在,只是一个传说而已。没有志向的人总是会想,如果上天再给我一次机会,我该如何如何;如果我再年轻多少岁,我该如何如何……但是岁月无奈催人老,时间刀刀断人肠,如果我们不能早早找到自己的人生方向,那么,我们的人生将会了无生趣。

人生最大的快乐,就是我们一直在路上,在奋斗的路上,而且从不停歇。有人说梦想就像香醇甘洌的酒,就算巷子再深,酒香也能飘出来,送到你的身旁。再多的想法,如果不去付诸实践,终究会成为空想。

很多人总是感叹,总是认为自己错过了很多东西,殊不知,这些都是因为目标不明确,白白地让吸引力从身边溜走了,就算发出再多的感慨,也只能是徒唤奈何而已。

　　如果我们在年轻的时候确定了自己的志向,我们就能为了这个志向,永远保持激情与活力。就算我们在奋斗的路上倒下了,我们也可以毫不畏惧地说:岂能尽如人意,但求无愧我心。

　　人生在于奋斗,而不在于静止,如果我们每天只是空口说白话,没做多少工作,却想要很多报酬,这样的结果只能是让我们失去奋斗的动力,取而代之的则是惰性心理。

　　1911 年,周恩来正在沈阳上学。有一天,学校的魏校长亲自为学生们来上课,正当课讲到高潮的时候,魏校长忽然间停顿了下来,他问课堂上的学生们:"你们读书是为了什么?"

　　学生们先是一愣,接下来便是四下一片静寂。

　　魏校长笑着说:"如果你们都不回答,那我就一个个地问了。"

　　接着,魏校长就走下了讲台,一个个问起了学生们。

　　第一名学生回答说:"我要为光耀我家门楣而读书。"

　　魏校长点了点头,不予评论。又问了第二名学生,第二名学生回答说:"我是为了知书达礼而读书的。"

　　魏校长接着问第三名学生,第三名学生回答说:"我是为了我父母而读书的。"第三名学生回答之后,全班学生哄堂大笑。

　　校长接着就走到了周恩来身边,问了他同样的问题。

　　当时,周恩来在同学们中间很有威信,在此之前,辛亥革命刚刚取得胜利。当时清政府要求每一名汉人都要留长辫子,不然就要杀头,而周恩来率先抵制,剪掉了自己的长辫子。学生们被周恩来的胆气所折服,非常钦佩他,而在课堂上也是如此。魏校长问话之后,学生们都目不转睛地盯着周恩来,都在等着他的回答。

　　周恩来表情严肃而深沉地回答:"我是为中华之崛起而读书的!"

　　魏校长非常惊讶,他知道,自己的学生中有周恩来这样的一名学生已经足矣,于是就说:"有志的学生,应该向周恩来学习啊!"

　　"为中华之崛起而读书!"这个志向也一直吸引着周恩来,在未来的道路上,他不断被这个志向所吸引,终成一代伟人。

　　很多事,说起来容易做起来难,所以很多人选择了放弃,当初的目标也就被抛之脑后了。其实,青春是短暂的,是易逝的,如果我们没有趁着年轻

吸引力——迷花倚石忽已暝

闯出一番事业,等到我们青春老去,两鬓斑白的时候,就只能是老大徒伤悲了。

每个人都需要拥有自己切合实际的目标,因为只有拥有这样的目标,我们才能脚踏实地地去努力。

魔力悄悄话

如果我们想要达到明天的目标,就要在今天启程。人生的起跑线早已经划好,而我们的人生一直都在继续。如果想要成功,不断奔跑是必须的,人生正需要这种奔跑,因为这样的奔跑可以潜移默化地影响到我们的精神世界,带领我们向着成功阔步前进。

让吸引力独具魅力

杂而不精和择一而专哪个更好？也许有人会说杂而不精更好，因为这样的人懂得的更全面；或者有人说两者没有最好，只有更好。但是我要说的是，择一而专更好！

人生的目标不在于多少，而在于是否专一。有的人目标繁杂不均，不知道该从何下手，虽然目标很多，但是自己要身体力行，能够达成的却是寥寥无几。这样的人，不管过了多久，等到我们回过头再去看的时候就会发现，其实，他一在路上——直在路的起点，永远都是在岔路口上徘徊，不知道自己该走哪条路。

很多人会问，世上的路有千千万，哪一条才是属于自己的康庄大道呢？我认为，能够吸引到你的，就是最好的。我们每个人的一生会走无数条路，但是，能够让我们记忆深刻的道路只有几条，而这几条路，有的成功了，有的则是失败了，但是自己已经尽力了。尽自己全力去做一件事，如果还是没有做成，就算失败了，也不会觉得后悔。

在人生的千万条道路中，最具吸引力，能够影响到你潜意识，让你不断为之奋斗的道路才是最正确的。你可以在这条路上尽情地奔跑，因为你的激情在这条路上永远都不会消退。吸引力法则的强大磁场可以让对它感兴趣的人全身心地投入，永远不知疲倦。

有的人一辈子做了很多事，但是能让人记住的却一件也没有；有的人一辈子只做了一件事，却让人记忆犹新。成功者不是处处都比别人强，而是他们比其他人多走对了几步路，而这几步路，就是吸引力法则起作用的关键点。

很多人总是习惯变换目标，今天确定的目标，明天就会对自己产生怀疑，见异思迁，把自己刚刚确定下来的目标否决掉。有的人常常想，人生目标要慢慢找，欲速则不达，就这样一直找到了最后，到了人生尽头，这些人仍然没有找到属于自己的目标。目标是要早早确立的，我们在孩提时代，就听老人们说过"三岁看小，七岁看老"。确立目标要趁早，奋斗更要趁早。没有目标的人生是可怕的，因为你的人生将会像一叶浮萍一样，风雨的走向，就成了你人生的方向，这样的人生是没有意义可言的。

专一的目标会带领我们走向成功，而在通往成功的路上，我们会感受到目标给我们带来的吸引力。我们都知道佛家以坐禅修身，而坐禅就是专一，就是要求心无杂念，如果心中想得太多，目标太多，尘世纷扰太多，就容易被影响，根本就做不到心无旁骛。目标专一并不是一纸空谈，比如"杂交水稻之父"袁隆平、"两弹一星"功勋奖章获得者钱学森、万有引力的发现者牛顿，等等，正是因为有专一的目标，永远都在路上奋斗，最终成就了他们一生的伟大。

20世纪80年代，在国内有一位非常出名的花鸟鱼虫画家，在他16岁的时候，就举办了个人画展。他的作品被选送到美国、法国等国展出，被世人称为"天才画家"，种种荣誉铺天盖地地向他涌来。但是，这位画家依然是坚持自我，该如何作画还是如何作画，不为名利所动。

在一次画展上，有人走过来问画家："你现在取得了这么大的成就，是什么样的力量让你从众多画家中脱颖而出的呢？这一路走来，你是不是感觉非常艰难？"

画家微笑着说："其实，一点都不难，在最开始的时候，我本来是很难成为画家的。在当时，我父母非常希望我能全面发展，我不仅喜欢画画，还喜欢游泳，打篮球，等等，不仅是我父母希望，我也希望我自己能全方面发展，而且各个方面都要有所成就。正在我迷茫，准备全面发展的时候，我的老师找到了我。"

画家继续说："他拿来一个漏斗和一把玉米种子，老师让我把手放到漏斗下面接着。老师先把一粒种子放到漏斗上，那粒种子很顺利地就滑落到我的手中了，如此再三，结果都是如此。老师把一把玉米种子都放到了漏斗上，但是因为玉米种子相互拥挤，竟然一粒种子都没有滑落到我的手上。这时，我才知道，我的人生目标太多，反而会得不偿失，所以，我必须要找到一件自己最喜欢的事情，然后全身心地投入，这样，我才能取得成功。为此，我放弃了篮球等诸多爱好，全身心地投入到画画中来，最后，才取得了今天这样的成就。"

故事中画家的感悟,不可谓不深刻! 人生有太多的牵绊,年龄越大,牵绊越多,如果我们被众多不必要的目标所左右,那么,我们的人生将会变得杂而不精,长此以往,我们就很难取得大的成就了。心有多大,我们梦想的舞台就有多大。但是大舞台需要的是专一的目标,如果目标太多的话,舞台的负重就会变大,很有可能承受不住,最后免不了出现倾塌覆灭的危险。

魔力悄悄话

我们知道,成大事者不拘小节,但是成大事者更要学会摒弃次要的目标,抓住主要目标,因为主要目标的吸引力是最强大的,而目标太多,反而会让我们的吸引力分散,很难形成强大的磁场。我们要做的就是抓住主要目标,舍弃次要目标,让所有的吸引力为自己的主要目标服务,这样,我们的目标才能离我们越来越近,而黎明的曙光也终会到来。

宽容是人际关系原催化剂

一个人胸怀有多大,能取得的成功就有多大。宽容是一种美德,它能让我们看到世间的美好,走出人生的藩篱,找到人世间最真的美好。宽容的人,不仅自己的内心非常淡然,更会形成一种磁场,影响到身边的人。

我们每个人都不会喜欢和斤斤计较的人打交道,这样的人只顾及自己的利益,而忽略身边朋友的利益。人生不是单行道,以自我为中心的人是很难成功的。而宽容就像久旱后的甘霖,可以滋润万物,更能滋养我们的心灵,让我们不断向前迈进,不以物喜,不以己悲,促使我们达到宠辱皆忘的境界。

英国诗人济慈说:"人们应该彼此容忍,每个人都有缺点,在他最薄弱的方面,每个人都能被切割捣碎。"而吸引力法则中的宽容就要求我们能容忍常人所不能忍,这样我们才能形成自己的独特磁场。每个人都会犯错,在各个年龄段会暴露不同的缺点,这就要求我们少一些苛责,多一些谅解,这样,别人才会认可你,才会肯定你宽容的磁场,而这种磁场就会不断影响到你的潜意识,逐渐让你成为磁场的主宰者。

宽容是人际交往中的催化剂,它能尽快改善人与人之间淡然冷漠的关系,缓和人与人之间的矛盾,给我们带来春风,带来温暖,让我们的人生充满亮色。当别人咆哮发怒的时候,我们更应该泰然处之,针尖对麦芒是非常不明智的举动。而唯有宽容才可以影响到正在发怒的人,让其感受到磁场,这样,愤怒会止歇,而我们的吸引力会变得更加强大。

1918 年,梁思成 17 岁的时候认识了 14 岁的林徽因,他们两人的父亲是朋友,早早就定下了孩子们的亲事,两人于 1928 年步入了婚姻的殿堂。

林徽因是当时的著名才女,身边不乏大批的追求者,在梁思成赴美留学之前,林徽因和徐志摩的交往就非常亲密,但是梁思成却泰然处之。

1931 年,徐志摩发生了坠机事件,梁思成主动赶往现场,替徐志摩料理后事,体现出了一个男人的大度与宽容。

1932 年,徐志摩去世之后,梁思成和林徽因搬到了总布胡同,金岳霖是他们家后院的邻居。

有一天,林徽因找到了梁思成和他说,她同时爱上了两个男人,这明显不像是商量的语气,而是像妹妹向哥哥询问的语气。梁思成想了一晚上,最后,梁思成觉得,自己缺少金岳霖那样的哲学家头脑,自己不如金岳霖。

第二天早上,梁思成和林徽因说,她是自由的。林徽因接下来就找到了金岳霖,把梁思成的话转告给了他,金岳霖说,"梁思成能说出这样的话,证明他是真心爱你的,他不希望你受到任何委屈,所以,他才会给你自由,我不想伤害一个真心爱你的男人,我退出!"

最后,三个人成了好朋友,梁思成从来没有因为妒忌而失去包容之心,他对林徽因的爱不仅伟大,而且深沉。金岳霖自此之后终生未娶,等到他80多岁去世,为他送终的是梁思成和林徽因的儿子。

宽容是一种人生境界,它可以改变我们的人生,让我们的人生更快乐。而宽容的磁场需要我们把它放到人生中不断历练,这样,我们才能体会到宽容的真谛。真正的宽容,是从心底发出的,而不是简简单单一时一刻的感悟,人生的精彩,不在于每天的彩排,而在于每天的现场直播。

19 世纪俄国有世界声誉的现实主义艺术大师屠格涅夫说过:"不会宽容别人的人,是不配受到别人宽容的。"

事实上确是如此,只有当我们学会宽容的时候,我们的人生才会变得精彩,别人才会被你的吸引力所吸引,从而为我们的成功创造出一个适合实现的温床。

魔力悄悄话

宽容是形成吸引力磁场的源泉,而这种宽容的力量需要我们不断的追求。梦想的舞台不在于它有多大,有多宽广,而关键在于这个舞台是否适合我们。适合的才是最好的,合适的舞台能让我们的吸引力发挥出效应,让我们受用一生。

成功的吸引力

芸芸众生,成功者到底占 1% 还是不到 1%,虽然我们无法统计这一数字,但他们有一个突出的特征——与他人截然可分。这就是生活的强烈方向性,即成功者始终携带着取得人生决战胜利的行动计划。

成功者无一不对自己随时随地的去向一清二楚。他们目标明确,也会付出切实的行动。知道自己要的是什么,也知道在哪里可以得到它。他们确定目标,同时决定通向那个目标必须走的道路。

目标的达到就是成功,我们每个人都一直在不断地实现自己的目标,因此,我们都可以不断地取得成功。成功者很清楚,按阶段有步骤地设定目标是如何重要。所以,在这里我们提出,在你20岁的时候就可以作出以下的计划:"五年计划""一年计划""六个月的目标""本年度的目标",等等。

然而,成功者之所以成功,最重要的原则——成功是在一分一秒中积累起来的。许多人都把时间大把大把地扔掉了。扔在那些慢腾腾的动作中;扔在毫无意义的闲聊中;扔在查阅那些没用的资料中;扔在漫无目的的交往中;扔在发表那些众所周知论点的夸夸其谈中;也扔在对那些微不足道的动作和事件的小题大做中;还扔在对琐碎小事无休止的无谓忙碌和"话匣子"一开就没完没了的过程中。这些人把时间不加考虑地用在了并不重要也并不紧急的地方,而把真正与实现重要目标有关的活动排到次要地位。由于没有把计划的内容放在首位,所以即使辛辛苦苦制订了计划也不能执行,结果大多失败了。

还有一些人,他们热衷于制订宴会计划,剪贴报纸,甚至制作赠送贺年片的朋友住所录。他们在这些事情上花费的时间,远比花时间订立人生计划要大方得多。

成功者每天的目标,至少要在前一天的傍晚或晚间制定出来,还要为第二天应该做到的事情排出先后顺序,至少要写出 6 个以上的明确顺序的内容。于是第二天清晨醒来,他们就按着事情的顺序,一一身体力行。

　　每天结束时,他们再次确认这张目标表。完成的项目用笔划去,新的项目追加上去,一天内尚未完成的,顺推到下一天去。

　　目标,应该是明确的。精神好像一个自动装置,一个自己不思考的计算机,它只执行你所决定的事项。如果不给它明确的信息,就不能有明确的机能和行为。

　　像"幸福""充足""健康"这样一些模糊不清的概念,计算机是无法遵照指令行事的。但是,如果你说每月收入 5000 元,买一个新的电脑,体重下降 5 公斤,或者在某年某月通过资格考试,它立即会对这些明确的目标产生反应。那么,究竟怎样才能进行积极的"目标设定"呢?其秘诀就在于明确规定目标,将它写成文字妥善保存。然后仿佛那个目标已经达到了一样,想象与朋友谈论它,描绘它的具体细节,并从早到晚保持这种心情。

　　人具有一种不知不觉地向自己所向往的形象运动的自然倾向。不知向何处漂泊的小船,风对它们也失去了含义;没有目标的人,犹如没有舵的船。"风吹来,有的船驶向东,有的船会漂往西。它们的航向不取决于风从哪里来,而在于船上的帆张向哪一边。"

　　这与我们的人生是何其相似。在人生的海洋上,流逝的时间像吹到船上的风,扬起风帆的只有我们自己。周围发生的一切,都无法代替我们去驾驶那只属于我们自己的小船。

　　你要把目光始终看着你自己和每个实现目标的自我意象。对今后的人生,制订成功者的行动计划。你如能做到这些,你将立即赢得人生!

　　时间在分分秒秒地流去,刻不容缓!

魔力悄悄话

　　别忘记牢牢地把稳你的船舵。制订了计划,势必推进它而不摇摆拖曳。一天有一天的目标,即刻行动起来。选对确立的目标,坚定不移地执行到底。只要你能够这样每天"彩排"一遍,潜在意识就能自然接受它,使你一天天向理想的目标迈进。

微笑的吸引力

当你对别人微笑时,全世界都在对你微笑。微笑的力量是巨大的,它可以让我们精神焕发。微笑是人类最伟大的表情,微笑能让人由内到外产生一种愉悦。古希腊著名思想家苏格拉底说:"在这个世界上,我们除了空气、水、阳光和微笑,我们还需要其他什么吗?"是啊!除了微笑,我们还需要其他什么呢?

微笑可以让我们产生一种强大的亲和力,这种亲和力拥有着无穷的魅力,它可以不断吸引到我们身边的人。正是这种微笑的磁场,拉近了人与人之间的距离,这种磁场不仅会让身处其中的人变得乐观,更会带动起我们身边的人,让他们也同样获得这种积极的心态。

只有心里有阳光的人,才会看到真正的阳光。只有真正有吸引力的人,才会露出最灿烂的笑容。微笑不仅能表达出你的心情,而且能传递出鼓励、欣赏、认可等很多积极的情感。微笑不仅可以拉近人们心与心之间的距离,还可以让我们的吸引力变得更加强大。

俗话说"伸手不打笑脸人",在人际交往中,没有任何人会拒绝一个微笑的人,而适当的微笑可以给别人留下美好而深刻的印象。美国著名心理学家奥格·曼狄诺经过研究,得出过曼狄诺定律:"微笑拥有强大的魔力,人们应该经常微笑,发自内心的微笑功能强大,可以和谐人际关系,甚至可以带来黄金。"

吸引力法则对微笑则是有着更深刻的定义,微笑会让我们的吸引力变得更强大,而这种吸引力则会最大限度地改善人与人之间的关系。不管我们是什么样的人,也不管我们贫富贵贱,只要我们想笑就应该多笑。一个甜美的笑容,可以让我们看到希望,可以让我们驱走阴霾,找到光明。

美国著名人际关系学大师卡耐基说过:"笑容能照亮所有看到它的人,像穿过乌云的太阳,带给人们温暖。"而微笑可以逐渐形成一种吸引力的磁场,只要我们相信世界很美好,多微笑,世界就会装进我们的笑容里。

在一座小镇上，有一个富翁，家有亿万家财，虽然很富有，但是他并不快乐。

有一天，富翁非常悲伤地走在路上，这时候，旁边走过来一个小女孩。小女孩非常认真地看着富翁，并且给了他一个非常甜美的微笑。富翁也看着这个天真的孩子，他仿佛被闪电击中了，他明白了，快乐其实很简单，只要自己能像小女孩那样微笑，就一定能找到快乐。

第二天，富翁就准备出发了，他要去寻找自己的快乐。在走之前，富翁给了小女孩一笔巨款，作为对女孩微笑的答谢。

小镇上的人都非常奇怪，就问小女孩为什么富翁会给她这么大的一笔巨款。小女孩微微一笑："我什么都没有做，我只是对他微笑了一下。"

威廉·史坦哈和这个富翁一样，也是一个很少微笑的人。尽管他已经结婚快20年了，但是他对太太不怎么微笑，有时候只是不掺杂任何感情地说几句话，对待同事也是如此。就这样，威廉·史坦哈渐渐成为公司里最孤独的一个人。

在接下来的一段时间里，威廉·史坦哈还是没有任何改变。直到在一次公司培训中，公司领导要求他以微笑的经验开始一段演讲，从这时开始，威廉·史坦哈决定自己应该试着去微笑了。

在上班的途中，威廉·史坦哈不管碰见谁，都是微笑着说声"早安"。威廉·史坦哈很快就发现，他把微笑给别人的时候，别人也会把微笑给他。有的同事心里满腹牢骚，和威廉·史坦哈有一搭没一搭地发牢骚，威廉·史坦哈总是以微笑应对，对方的牢骚很快就发泄完了，并且把问题解决了。

经过一个星期的实践，威廉·史坦哈发现，微笑不仅能给身边的人带来好心情，更能给自己带来更多的收益。

以前，威廉·史坦哈和另外一个经纪人共用一间办公室。有一次，威廉·史坦哈和经纪人说起了微笑带来的效果和自己的亲身感受。

在一番交流之后，经纪人说："以前碰见您的时候，您总是一副很严肃的表情，我们都不敢接近您，但是现在，我看到的是您的笑容，我彻底改变了对您的看法，当您微笑的时候，我感觉到了一种发自内心的快乐。"

威廉·史坦哈听后，报之以和悦的微笑。两人谈了很多，关系也越来越密切了。

微笑可以加重吸引力的砝码，只要我们习惯微笑，我们的心里就会微笑,我们的潜意识里也会微笑。微笑可以改变一个人,更可以改变一个人的一生。如果我们不会微笑,我们的人生也会变得暗淡无光。吸引力需要我们微笑,就像植物需要雨润,万物需要春风一样自然。微笑可以感染到我们的心灵,让我们体会到人世间的至美之情。

吸引力是会不断累加的,如果我们感到快乐,用心去微笑,我们的吸引力就会刺激到我们的潜意识,让潜意识也去微笑。如果我们心中有一颗微笑的种子,不管我们走向何方,遇到什么不顺的事情,这颗种子总有一天会生根发芽,总有一天会长成参天大树。

魔力悄悄话

乐观的心态,幸福的微笑,就是吸引力的良药,它可以不断激发出吸引力的强大磁场,带领我们不断向着成功迈进。真诚地去微笑吧!你的吸引力将会因微笑而变得甜美!

让吸引力跟着你走

被称为"奇迹创造者"的法国人拿破仑说："等待与机会同在。"善于等待的人总是能收敛起自己的锋芒，进而营造出一种柔和的磁场。我们常常会看到做事毛手毛脚的人，这些人做事非常冲动，不管三七二十一就直接冲上前去。这样的人往往会被现实撞得头破血流，等到他们被击打得体无完肤时才迷途知返，但是已经晚了。

等待不是一味地坐以待毙，而是伺机而动，时时关注四周动态，真正做到以逸待劳。很多人在失败之后选择了等待，但这些人的等待只是听天由命，总是期待有奇迹发生，殊不知厄运正在等着他们。没有目的的等待是消极的，这样的等待只会让你的吸引力消失，你的欲望也会在这种等待下消失殆尽。

等待的过程是痛苦的，但是有些时候，我们又不得不等待，因为时机还没有成熟，如果我们盲目地去做，那么后果必然是失败。其实实现梦想的道路多种多样，我们可以通过各种各样的方法来实现它。

有人说等待是痛苦的，比如等车、等人，这就更需要我们有耐心。沉得住气、有耐心的人才能拉近成功和自己之间的距离。有人说，耐心是一张蜘蛛网，就算没有猎物，也要在风中等待。

为什么我们看成功，总是觉得成功离我们越来越远？这主要就是因为我们没有耐心，而我们旷日持久积攒起来的吸引力也会因为没有耐心而随风远去了。

意志力是我们不断奋斗的心理筹码，而耐心等待就是意志力坚忍的外在体现。等待的时候，我们不要想放弃，我们要多想想等待过后成功的美好。

人生成功与否，关键在于我们是否会被困难吓倒。如果我们失去了耐心，被困难吓倒了，那么，我们只能在人生的舞台上被判出局。但是，当我们的吸引力足够强大的时候，它就会为我们的潜意识提供一个向上的影响力，这样，我们才会觉得耐心等待不是徒劳的。

立场坚定的人，会觉得耐心等待是正确的，如果在等待过程中掉以轻心，我们的等待就会失去意义。

人生的舞台之所以夺目耀眼，不仅在于世界上有形形色色的人在表演，更在于每个人的奋斗历程多种多样。不要瞧不起小孩子，因为他是你来时的路；不要瞧不起老人，因为他是你去时的路。耐心地去等待，一切都是在意料之中。

在很久以前，有一个农夫，是一名年轻的小伙子，他想要和情人约会，但是小伙子是一个急性子，来得太早，他见情人还没来，就无可奈何地选择了等待。

就在小伙子苦恼的时候，他的面前出现了一名侏儒，他对小伙子说："我知道你为什么闷闷不乐，你拿着这枚纽扣，把它缝到你的衣服上。当你失去耐心，不能等待的时候，就转动这枚纽扣，这时，你就会穿过时间，想去哪里就能去哪里。"

小伙子听了非常开心。他接过纽扣缝到衣服上，并在即将失去耐心的那一刻转动了纽扣，奇迹出现了：

他发现情人就在眼前，而且还在对着他微笑。小伙子心想：如果我能和她结婚，那就更好了。于是，小伙子又转了一下，没想到婚礼真的举行了，嘉宾满座，管乐齐鸣。

小伙子抬起头，看见妻子那双好像会说话的眼睛，心想，嘉宾太多，如果没有人，只有我们两个人享受二人世界该多好啊！小伙子又转动了一下纽扣，身边就真的出现了一座大房子。接下来，小伙子沿着自己的轨道，穿梭于时间的隧道，转眼间，他就儿孙满堂了，而他也变成了一个老态龙钟的老人。他体验到了人生种种，再也没有心情去转动纽扣了。

老人回首往事，他对自己不能耐心等待追悔莫及，他忽然发现，其实，等待在生活中有着非常独特的意义。他多么想回到自己年轻的时候。于是，小伙子用力把纽扣从衣服上扯了下来。这时，小伙子惊醒了，原来这只是一场梦。

有了这样的梦幻经历，小伙子已经学会了等待。

耐心等待不是在做无用功，而是在积蓄力量。我们学会耐心等待，心中的焦躁不安才会烟消云散。等待可以让我们的成功更有味道。成功是一条漫长的道路,而成功不仅需要审视,更需要我们拥有超强的耐心。真正有吸引力的人拥有着强大的磁场,而这种磁场会让我们甘心等待,不为干扰所动。学会耐心等待,我们才能体会到生活中的那种闲适。

魔力悄悄话

　　耐心能培养我们的吸引力,而吸引力会在我们不断耐心等待中成长起来。人生没有永远的顺境,也没有永远的逆境,这就需要我们更加有耐心。梦想只会留给有耐心的人,只会留给愿意等待的人。而这样的人正因为有吸引力,才会被成功眷顾,并且在成功的道路上越走越远。

让吸引力有力度

我们说的霸气不是蛮不讲理，也不是横行霸道，而是有勇有谋。平凡人之所以永远平凡，就在于他们没有冲天的霸气。霸气，是改变吸引力的一道黄金法则。

著名史学家左丘明在《曹刿论战》中说："夫战，勇气也，一鼓作气，再而衰，三而竭。彼竭我盈，故克之。"这就说明，古代两军对垒，最重要的就是气势，就是霸气。霸气会在我们身上形成一种吸引力，让我们的意识更好地为欲望服务。

纵观古今历史，正因为有霸气，秦始皇才能鞭笞天下，威举宇内，大败六国，完成一统天下的伟业；精卫之所以能够填海成功，就在于她有霸气，能够持之以恒进行填海；愚公年近九十，但是仍然挖山不止，靠的也是霸气……成就一番伟业的人，他们之所以成功，就是源自心中的那一腔霸气。

成功之路漫漫，为什么有的人不畏艰险，勇往直前？主要就在于他勇于挑战，就算困难近在咫尺，他也会抬头挺胸直视困难。相比于畏畏缩缩、避重就轻、一见事情不妙就退缩的人，这些有霸气的人就显得非常突出了。霸气因为气势强烈，就能让吸引力更有力度，有了这样一种力度，梦想的实现也就成了必然的事情了。

现代社会是一个竞争的社会，你不冲上前去，就会有人从后面冲上来。逆境之所以显得难以逾越，主要障碍就是我们内心本能的恐惧，面对困难，谁都想暂避风头，躲过一时，但是你越是想逃避，现实就越残酷。如果你换一种方法，由内到外散发出一种霸气，那么，你就有可能与风浪搏击，才有可能到达成功的彼岸。

老虎之所以能成为百兽之王，就在于在它的眼中所有动物都是猎物，这样的心理全部得益于它与生俱来的霸气。现实中也一样，如果我们和人争论，不拿出一点霸气来，就很容易被对方给压倒，进而成为对方的手下败将。

拿破仑曾经说："不想当将军的士兵不是好士兵。"这是为什么？想要当将军需要什么？想要当将军最需要的就是统帅的霸气。敢于去尝试，并且不计得失地去努力，我们才能看到希望的曙光。人的生命在最开始的时候，根本没有贫富贵贱之分。人的生命无法用数量来衡量它的价值，衡量生命的价值主要在于我们对社会奉献了多少，索取了多少。为什么有的人生命价值非常高，而有些人非常低呢？这主要在于有些人敢于付出，敢于为了实现自己的价值不断奋斗。

有一个在政治军事上叱咤风云的人物，他身高八尺、膀大腰圆，四肢发达、力能扛鼎，这就是西楚霸王项羽。正是因为项羽从小就胸怀大志，所以才成就了他日后起兵反秦、威震天下的壮举。

公元前221年，秦始皇一统天下。秦王称帝后，抓捕六国贵胄遗民，项燕家族就在通缉名单中。项羽从小就死了父亲，由他的叔叔项梁照顾。他们隐姓埋名，在吴中避难。项梁叔侄心中暗藏报仇雪恨的决心，只等时机一到，一举推翻秦朝的统治。

项羽年幼时，项梁教他书法，项羽学得很没有耐心。成年后，项梁又教他剑术，项羽学了三天又不学了。项梁见项羽不学文也不学武，非常生气，就狠狠地训斥道："你这么不学无术，怎么能报得了国仇家恨？"

不料项羽却不以为耻，他说："学习读书写字，能记住姓名就可以了；学习剑术，也只能和几个人作战。我要学就学习兵法，指挥千军万马。"项梁听后非常惊喜，认为项羽胸有大志。于是，项梁就悉心教导项羽学习兵法。生性粗犷急躁的项羽虽然学得不是很深入，但却对排兵布阵很感兴趣，竭尽全力学习战略战术，总结以智取胜的诸多兵法。

正因为项羽从小就立志要报国仇、雪家恨，再加上他性格粗犷，力大无双，吴中子弟都十分钦佩他。项羽非常喜欢武术，在吴中结交了很多和自己年纪相仿的有志青年。他们受项羽影响，都喜欢使枪弄棒。待到项梁起义时，已聚集有一批有志之士，整编起来足足有八千人。他们自称为江东子弟，成为日后项氏打天下的中坚力量。

秦始皇统一天下以后，为了巩固政权，就在全国各地巡游，炫耀自己的功绩，镇压反抗势力。战国末期，楚国在其余六国中最强大，抗秦也最坚决。秦始皇统一天下之后，对楚地实行高压统治，对此楚地人民非常不满。当时楚地流行一首民谣，其中两句是："楚虽三户，亡秦者必楚。"

公元前210年冬，秦始皇又一次出巡，重点到江浙一带巡查。秦始皇一队人马仪行严肃，场面十分壮观。吴中这次接待秦始皇的事宜就由项梁全权负责。当时，项羽已经22岁了，俨然一个勇武过人的青年。项梁把项羽放到最紧要处，以便能够随时观察到秦始皇。站在两旁的百姓看到这威风凛凛、华丽异常的车驾奔驰而来，都呆呆地站在旁边，连大气也不敢出。

唯独项羽站在人群里，比别人高出一头，瞪着炯炯有神的大眼，不禁脱口而出："彼可取而代也。"站在项羽身后的项梁听到这话后，惊出一身冷汗，连忙用手捂住了项羽的嘴巴，小声说："不要胡说，这是要灭族的。"项梁虽然口头上责备了项羽，但是心里却是一阵暗喜。他非常惊讶项羽竟有如此的胆识和壮志，竟然敢藐视秦始皇，想要取而代之。

这一年，秦始皇在回咸阳的路上得病死了。第二年，秦二世继位后没多久，陈胜、吴广就在大泽乡起义，项梁和项羽也起兵反秦。

后来，在行军打仗中，项羽骁勇善战，对秦兵视如无物，尽情展示了一代英豪的威风。而这也正是项羽霸气延续下来的结果。

人生短短数十寒暑，如果我们想要活得辉煌，活得轰轰烈烈，就应该培养出一身的霸气，而人正是因为有了霸气，才会勇敢前进，才会永远执着于梦想，为了实现目标，锲而不舍地去努力奋斗。勇敢地去面对现实，因为我们没有逃避责任的义务，这样，我们的人生会因为霸气而变得精彩。

即使你觉得自己的努力好像没有获得什么回报，你也要相信，所谓的回报已经在你的潜意识里生根发芽了，当你需要的时候，这些潜意识就会显现出来为你所用。

我们往往会在静下心来时思维变得更加开阔，这是因为我们内心最本性的潜意识被释放了出来，而这时的我们往往会发挥出潜意识的最大效力，进而得到自己想要得到的东西。

魔力悄悄话

梦想之所以伟大，就在于实现它的人伟大；人生之所以精彩，是在于追求梦想的道路精彩。让霸气充盈于我们全身吧！这样我们的吸引力才会更有力度，这时，我们才有勇气说，我们的人生一直都在成功的路上驰骋！

第四章 增强吸引力的磁场

我们每个人都有盲从的弱点,总是喜欢听从别人的意见,别人说好,我们的潜意识中就会马上跟着说好;相对的,别人说不好,我们的潜意识中就会跟着说不好。

这种盲从会迷失掉我们自己的方向,走别人走过的老路。我们想要成功,就要做自己的主人,这样,我们的吸引力才能由内而外地散发出来。

如果我们只是跟着别人走,我们就会失去自己的观点,就会失去吸引力,再也不知道自己当初为什么要出发了。

意识产生磁场

当你粗略了解到吸引力法则后,你可能想当然地认为自己只要具备成功的意识,就会走向成功的终点。因为意识会产生磁场,将会吸引来你想要的东西。其实成功并不如此简单。仅仅拥有成功的意识是远远不够的。成功往往有很多的小目标,而这些小目标的实现需要我们拥有对这些小目标的意识。也就是说,我们向往成功就必须弄清楚构成成功的一个个的小目标,在理清这些小目标之前,还需要拥有足够的知识来从大局上看清你的成功目标。

知识,从本质上说,是另一种形式的意识形态。因此,要想取得成功,掌握一定的知识是必不可少的。掌握的知识是你个人能力的体现,拥有足够多的知识,你才会得到改变命运的捷径,才可以用最强有力的意识来实现目标。

知识,滋补我们的头脑,启迪我们的智慧,颐养我们的个性。谁想增长才能,谁想认识社会,谁想了解为人之道,谁就应当和书本交朋友。读书,有助于交流信息,开阔视野,扩展心胸。现代社会的飞跃发展,使知识成为人们谋求富足,谋求生活需要的最重要的工具。我们怎能甘心不读书不学习而被时代抛下呢?而要想充实自己的知识仓库,提高自己的知识修养,就得培养选择书本的能力,并学会善用书本。穿不时髦的衣服,不流行的鞋子,这都不要紧,但是千万不要在购买书籍方面过于吝啬。

读好书,如入芝兰之室,久而不闻其香;反之,则如入鲍鱼之肆,久而不闻其臭。在浮躁的社会环境下能坚持静心读书已属不易,若能善择良卷慎读书,不断提升阅读品味和格调,则又更进一步,另有一番境界了。

需要补充说明的是,掌握丰富的知识固然重要,但我们也没必要样样精通。何出此言呢?看完下面这个故事你就心知肚明了。

第一次世界大战期间,南卡罗莱那州某报刊登了一篇社论,在其诸多的论点当中,汽车大王亨利·福特被称为是"无知的反战者"。福特针对该言论提出抗议,并诉诸法律,控告该报社诽谤他。

法庭审理该案时,报方委托的辩护律师为证明报社无罪,要求法庭请福特先生本人到场,以便向陪审团证明他的无知。他问了福特先生各种问题,无非是为了要用福特本人来证明,他虽然拥有不少制造汽车的相关专业知识,但是对于其他知识,他所知无多。

福特遭到了如下这类问题的炮轰:"科乃迪特·阿诺是谁?""英国派了多少士兵到美国镇压 1777 年的叛乱?"对于后面这一问题,福特回答道:"我不知道英国派来士兵的确切人数,但是我曾听说,派来的人数比生还的多很多。"

最后,福特厌烦了一个接一个的问答,在又一次听到辩护律师特别不怀好意的题目时,福特就靠过去,伸出手指对着发问的律师说:"如果我真的要回答你刚才提出的傻问题,以及你们从刚才到现在一直在问的那些傻问题,我可以提醒你一点,我的书桌上有一排电钮,只要按一下电钮,就可以找来帮忙的人,有这些人在我身边随时提供给我一些我想得到的知识和信息,我为什么还要为了能回答你的这些傻问题,而让自己的脑子里面挤满这些对我来说并无实际意义的知识呢?"

这个回答击败了那位辩护律师。法庭上每个人都心知肚明,这个回答不是无知者的答案,而是受过教育者的答案。受过教育的任何人都知道,在需要知识时该上哪里去取得知识,并且知道如何把知识组织为确切的行动方案。福特可以借着他的"智囊团"的帮助,随时随地地让所有使他成为全美首富的知识唾手可得,他未必需要自己去掌握这些涉及各个领域的知识。

魔力悄悄话

青少年的确应该涉猎渊博的知识,但是每个人的精力毕竟有限,我们不可能做到样样精通,各个领域的知识都博大精深,只要挑选一个或几个你感兴趣的学科,多精购有关书籍,认真研究已经足矣。

充分利用思想的吸引力

人的思想是有能量的,思想会把遇到的事物进行分类,以此形成我们独特的思维方式,这种独特的思维方式就像是程序在运行,而编写这些程序的就是作为思想主宰者的我们。人的思想是会变化的,是随着外界环境变化而变化的,而我们要做的就是清楚地知道思想的感染力,让感染力为己所用。

思想的感染力是非常巨大的,这种强大的感染力可以让吸引力法则发挥出强大的作用。不管是快乐的还是悲伤的,只要我们认识到思想的感染力,它就会产生强大的吸引力,这种吸引力会左右到我们,也会左右到我们身边的人。而我们要做的就是扬长避短,在积极思想的引导下,走向成功。

有些人没有取得成功,不是因为他们能力不够,也不是因为他们机会太少,而是因为他们根本认识不到思想的强大感染力,控制不住自己的情绪,越是如此,事情就会变得越糟糕。悲伤的时候,我们的思想会产生一种吸引力,正是这种吸引力会让我们变得沉重,处理各种问题时,都提不起兴趣,很多机会就会因此从我们身边溜走;快乐的时候,我们就会感觉到世间的美好,不管做什么事情,我们都会热情高涨,不仅能把握住稍纵即逝的机会,还能在实现自我价值的时候,发现这种快乐的吸引力萦绕在我们周围,于是我们的成功就是自然而然的事情了。

宋代大文豪苏轼在《留侯论》一文中曾说:"古之所谓豪杰之士者,必有过人之节,人情有所不能忍者。匹夫见辱,拔剑而起,挺身而斗,此不足为勇也。天下有大勇者,卒然临之而不惊,无故加之而不怒,此其所挟持者甚大,而其志甚远也。"正如苏轼所言,能够控制住自己情绪的人,通常有惊人的梦想,而正是在梦想的吸引下,他们才会控制住自己的情绪。

古时候有个人,每次和人发生争执的时候,都会跑回家绕着自己的房子和土地跑圈,累了就坐在田边休息。这个人很勤劳,后来又做了生意,房子越来越大,土地也越来越多。可是,不管房地多大,每次他动怒的时候,都会绕着房子和土地跑上三圈。

周围的人都觉得他很奇怪,但每次问起他跑圈的原因,他都避而不答。

等到他70岁的时候,他的房子和土地已经很大了,可他生气的时候还是会拄着拐杖绕房子和地走三圈。有时候,等他走完了天都已经黑了。

孙子看到爷爷的举动,便恳求他:"爷爷,您的岁数大了,别再像以前那样了。我一直想问,您为什么每次一生气都要跑三圈呢?有什么用呢?"

他经不起孙子的恳求,便说出了藏在心中多年的秘密:"年轻的时候,我每次和人争吵、生气的时候,都会绕着房地跑三圈,一边跑一边想,我的房子和土地这么小,哪有时间和资格去与人生气呢?一想到这些,我的气就消了。然后,我就把时间用来努力工作。"孙子又问了:"您现在年纪大了,已经很富有了,为什么还要绕房地走呢?"他笑着说:"现在我还是会生气啊!每次走圈的时候,我就想,我这么多房子,这么大的土地,我何必跟人计较呢?想到这些,我就不生气了。"

不要让思想成为我们的负累,我们是思想的操纵者,而不是思想的奴隶,我们要做的就是分清主从,这样,我们的吸引力才会在思想的感染力下散发出来。正因为如此,我们才会比别人多一些机会。

我们要做的每一件事都或多或少带有目的性,正是因为如此,思想的感染力才会变得非常重要。如果被积极的思想所感染,我们就会觉得奋斗的价值正在一步步实现;如果被消极的思想所感染,我们就会觉得自己每时每刻都在做无用功,而成功也将会在这种消极思想的感染下夭折。要想取得成功,就要正确看待吸引力的感染力,只要我们看到,并且善加利用,我们吸引力的光芒就会逐渐变大,照亮我们成功的前行之路。

魔力悄悄话

好的环境能够塑造人,如果放到吸引力法则中,我们也可以说,好的思想也能成就人。好的思想是清泉,是细雨,可以滋润我们的心田,让我们找到许久未见的纯真。

幽默更有吸引力

在人际交往过程中，我们难免会遇到尴尬的事情，在这时，最有效的办法就是用幽默来调节气氛，从而摆脱尴尬局面。

幽默是智慧的体现，在社交活动中尤其如此，一句幽默的话可以使冰河消融，可以让怒火消失，懂得幽默的人才是有生活情趣的人，而幽默更可以展现出一个人超强的人格魅力。

幽默是大智慧的体现，幽默技巧最能体现"给人留下回味的余地"这个特点。它往往以独特的视角和特有的方式来反映社会生活，让人在轻松愉快中明白你所说的话。

在与人交往的时候，我们不能只是看到别人的缺点，也不能因为别人犯了一些过失就耿耿于怀。发生尴尬事情的时候，我们要学会替别人遮掩，而遮掩就需要我们有幽默的智慧。

懂得幽默的人就会散发出吸引力，而幽默的吸引力会让人非常舒服，别人自然会愿意靠近你。可见，幽默智慧不仅可以缓解气氛，还可以维护对方的尊严，让对方重拾自信心，这样，不仅不会让自己多树敌，反而会结交到越来越多的朋友。

幽默是一种高雅的风度，它体现出了一个人的修养。幽默的人会给人一种如沐春风的感觉，而正是这种感觉会让别人发现你的人格魅力。幽默会形成吸引力的磁场，会让别人对你产生认同感，而这种认同感会让你在不知不觉间积累到越来越丰富的人脉。

幽默来源于我们乐观的心态，有幽默感的人从来不会缺少动力，因为他们知道，就算负面思想出现，那也只是暂时的，因为自己的思想是由自己把握的：想要幽默就能幽默，想要成功就会成功。

春秋战国时期，楚庄王十分爱马，甚至对马比对人还要好，这些马过的日子是常人难以想象的优越。它们的衣食住行都非常考究，住的是豪宅，睡的是大床,穿的是锦衣,吃的是枣肉,甚至还有一大批的奴才侍奉着它们。

这些马养尊处优习惯了,根本不会出去运动,其中有一匹马因为长得太肥而撑死了。

这一下,楚庄王十分伤心,特意为这匹马举行了隆重的葬礼。不仅如此,他还让所有的大臣向死马默哀,用最好的棺椁安葬死去的这匹马。大臣们纷纷劝阻楚庄王不要这么做,但是楚庄王依旧我行我素,还非常气愤地下达命令:"谁要是再来劝阻我葬马,一律格杀勿论!"

优孟是宫廷内的艺人,幽默诙谐,也是一个非常善辩的人。当他听说这件事的时候,径直闯进了皇宫,见到楚庄王就大哭了起来。楚庄王对他的举动感到非常吃惊:"你为什么哭得这么伤心?"

优孟说:"大王心爱的马死了,让我忍不住泪下沾襟。这匹马可是大王心爱的马啊!怎么可以用大夫的葬礼来安葬呢?这简直是对马匹的侮辱,应该用国君的葬礼才对啊!"

楚庄王一听感到非常欣喜,好像找到了真正的知音,就问优孟:"那你说,我应该怎么做呢?"

优孟回答说:"我看,应该用美玉做马的棺材,然后发动所有的百姓为此马建造最华丽的坟墓,让所有的兵士为马匹保驾护航。等到出丧那天,让齐国和赵国的使节在前面开路,让韩国和魏国的使节护送灵柩。最后,还要追封死去的马为万户侯,为它建造祠庙,让每个百姓都供奉这匹马,让它的灵魂得到安息。这样一来,天下的人都会知道,大王爱马胜过爱自己。"

楚庄王明白过来了,顿时感到非常惭愧,他说:"我难道真的这么重马轻人吗?我的错还真不小啊!那你说我今后该怎么做呢?"

优孟见楚庄王有所悔悟,自己的谏言取得了圆满成功,就诙谐幽默地说:"那就太好办了,我说,应该用炉灶为椁,铜锅为棺,然后放进花椒大料等佐料,把火烧得旺旺的,把马肉煮得香香的。最后,填进大家肚子里就对了。"

一席话把楚庄王逗得哈哈大笑起来。

从此,楚庄王改变了原来的爱马方式,把那些养在厅堂里的马解放了出来,全都交给了将士们使用。那些马在沙场上得到锻炼,经历了风雨,变得更加矫健。

优孟的一番幽默言辞,不仅缓和了君臣矛盾,而且让楚庄王明白了自己的错误,立刻就把楚庄王重马轻人的恶习给改掉了。

幽默的人有着豁达的胸襟和丰富的内涵,他们说出的话都会有一种无形的感染力,而正是这样的话语不仅给他们自己带来了快乐,更给身边人带来了快乐。

魔力悄悄话

俄国著名作家契诃夫说:"不懂得开玩笑的人是没有希望的人!"事实正是如此,幽默不仅能够提高我们的吸引力,让我们拥有好人缘,更可以把我们的思想很好地传递到别人的思想中,因为幽默,所以易接受;因为幽默,所以被认可。

让世界为你让路

金无足赤，人无完人，对世界的挑剔就是对自己的挑剔。我们每个人都有缺点，如果我们总是看到别人的缺点，总是挑剔的话，我们的吸引力就会被消极情绪所取代，而我们的吸引力也会变得暗淡无光，朋友也会越来越少，长此下去，我们就会变得孤独，鲜有朋友了。

没有人会喜欢挑剔的人，因为挑剔的人比较压抑，心胸狭窄，总是把自己的主观意愿强加到别人身上。己所不欲，勿施于人。挑剔的做法很容易把两个人之间的矛盾扩大化，变得再也无法调和了。如果我们总是拿着放大镜看人，看到的只会是别人的缺点，而且越看越大。我们需要的是朋友而不是敌人，如果我们总是拿着放大镜看人，那么，不管我们走到哪都是死胡同。

为什么有时候我们总会忍不住挑剔？最主要的原因就是我们太追求完美了，我们要知道，美到了极致就会变成丑。如果米洛斯的维纳斯没有断臂，没有这种缺陷美的话，它就不会成为稀世珍品。太过挑剔不好，其实，缺陷也是一种美。

世间万物都是既有好的一面，也有坏的一面，关键就在于我们选择从哪个角度去看。如果我们学会欣赏，善于从生活中发现美，那么，世界就是非常美好的；如果我们总是喜欢鸡蛋里面挑骨头，我们看到的世界就会是黑暗的，没有丝毫亮色。后者的人生将会是非常悲哀的，悲哀的不是世界的黑暗，而是他自己内心的黑暗。

明代洪应明在《菜根谭》中说："地之秽者多生物，水之清者常无鱼；故君子当存含垢纳污之量，不可持好洁独行之操。"身为君子应该有宽广的胸怀，有容人之量，当我们拥有了这样胸怀的时候，我们就会发现人世间的美好。

春秋时期，晋国国君晋献公昏庸无道、骄奢淫逸、祸国殃民。他为了宠幸骊姬，竟然不惜杀死了亲生儿子申生，立骊姬的儿子奚齐为太子。但就是这样,骊姬还是不满意,让晋献公派人追杀他的二儿子重耳。不得已之下,重耳逃到了翟国。重耳喜欢结交朋友,当时,在晋国的一群有德之士听说重耳去了翟国,就纷纷追随他而去。

公元前651年,晋献公去世。晋国大乱,为争夺王位而杀机四起。最后晋惠公夷吾得了地位。但是他想到了他的兄长仍然在外,就非常担心,便派人去翟国刺杀他。重耳听闻后只得又一次出逃,开始了四处逃亡的生涯。

公元前637年,晋惠公去世,晋怀公继承了王位。晋国的大夫栾枝就劝说重耳回到晋国来争夺王位,由他来做内应。这时,在秦国流亡的重耳在秦穆公的拥护下,时隔18年,再次回到了晋国的土地上。

回到晋国之后,重耳叫手下把逃亡时自己的随身物品全都扔到了河里,他觉得这些东西非常晦气。这时,狐偃就跪下说:"现在公子有秦国军队护送,在晋国又有栾枝作为内应。我们这帮追随您多年的老臣就像你刚才扔到河里的旧衣物一样,也没有什么用处了,留在这里只会让公子厌烦,不如把我们也扔在这里吧!"

重耳一听,马上明白了狐偃的意思。于是,就吩咐手下把衣服打捞上来,并当即立誓道:"如果我重耳能够夺回晋国,一定不敢忘了诸位。这些年大家对我的帮助,我一定牢记心上。"这样一说,狐偃等人才安心上了船。

第二年,重耳顺利登上了王位,成了历史上著名的晋文公。

这时,一些身怀异心的晋国人怕重耳回国之后找他们算当年的陈年旧账,就密谋杀死重耳。当年追杀重耳的寺人披听闻此事,就想向重耳报信,却被重耳拒绝了。

寺人披说:"我当初杀您,是奉了当时国君的命令。对主人命令不听从,是为不忠。但是现在您是我的主人,我理应为您效忠。如果您不接见我,当年得罪您的人就没有人再为您出力了。"

就这样,重耳才接见了寺人披。寺人披把叛乱者的阴谋和行动计划说了后,重耳非常惊讶,马上派人把叛乱者全都杀死了。

叛乱平定后,为了安抚人心,重耳宣布,自己虽然登上了王位,但对以前的事可以既往不咎。绝大多数人都不相信重耳竟然会如此宽容。

就在这时,一个当年背叛过他的人出现在了重耳面前。看到这个人,重耳生气极了,马上就想杀了他。但是这个人却说:"我来见您,是为了让别人看见您宽容的举措。我曾经如此对待您,如果您能原谅我,别人自然就会相信您所说的话了,就没有人会担心再受到责罚了。"重耳觉得他说得很对,于是便宽恕了他。

经过这件事，晋国上下对于这位新国君渐渐生出了敬意。而晋国也在重耳的治理之下变得国富民丰，成了中原的霸主。

如果重耳没有宽广的胸怀，是不会饶恕众人的，也不会闯出自己的一番伟业，更不会成为"春秋五霸"之一。

为人处世不在于横行无忌，而在于适当礼让，我们都喜欢谦和有度的人，而不是大肆张扬的人。为什么水会利万物而不争，就在于水觉得众生平等，没有好坏，所以，老子才会说，水的做法最像道家的做法。

不要多去苛责别人，因为他们就像你的一面镜子，你要做的就是找到自己的得与失，不要总是主观判断，多站在对方的角度去考虑，我们的人生才会变得精彩。

魔力悄悄话

吸引力需要的就是我们不能失去公允，不管对事还是对人，都应该多看到好的一面，这样，我们的人生才会变得美好，而吸引力也会因为我们的看法而变得更加强烈。

不可思议的吸引力法则

吸引力法则的秘密也就是心想事成的秘密。因此,我们要学会运用吸引力法则吸引自己想要的东西,达到"心想事成"的境界。不过,"心想事成"并非没有条件。除了不停地将你想要拥有的默念于心,还要积极地展开行动。

伟大的"发明大王"托马斯·爱迪生在年少时学了电的基本原理,他意识到,这种奇妙的能量有许多令人难以置信的用途。爱迪生注视着当时人们所用的蜡烛和汽灯,他觉得它们实在是太不方便了。于是,他产生了这样一个想法:要用电给灯泡供应能量,使其远远先进于当时已存在的任何照明方式。在接下来的 10 年里,这个想法一直牢固地存在于爱迪生的脑海中。他做了一个玻璃灯泡,然后试了一种又一种的材料,试图找到一种可以燃烧很长时间的灯丝,但是始终未能如愿。他先后尝试了数千种不同的材料,虽然一次又一次地失败,但是凭借对自己想法的坚持和执着,他最终找到了理想的灯丝材料。其他发明或发现的产生过程也几乎都与此经历相似。

几乎所有伟人在他成名之前都相信自己将会影响这个世界,至少是他所在的世界。他相信自己在生命舞台上演绎的是主角而不是配角的戏份儿。或许对于周围的人而言,他的这种想法过于疯狂,以至人们都认为他是异想天开。但是,事实证明,当你坚持一个想法进入到近乎疯狂的状态时,成功往往就会降临到你头上来。只有相信你的意识,你才会吸引成功所需的条件。那些一直鼠目寸光、斤斤计较得失的人,是难以做出影响世界之举的。事实上,这也是吸引力发挥作用的表现。

1932 年经济大萧条期间,一个年轻人从某大学毕业,获得了社会科学的学位。关于自己未来的生活,他没有得到任何的指导,也没有什么想法。他的困境总结起来只有一条,那就是那个年头的工作岗位极度稀缺。年轻人开始等待,希望有什么好运会降临到自己头上。同时,为了挣钱养活自己,他整个夏天都在一家当地的游泳池做着救生员的工作。

吸引力——迷花倚石忽已暝

　　一位经常带孩子来游泳的父亲对年轻人十分友好,并对他的未来产生了兴趣。他鼓励年轻人仔细分析一下自己,看看究竟最想做什么。年轻人听从了他的建议,在随后的几天中,他开始检讨自己。最后,他发现自己还是最想成为一名电台播音员。

　　年轻人告诉了这位长者他的志向,这位长者鼓励他采取必要的行动,使梦想成真。随后,他走遍了伊利诺伊州和爱荷华州,努力使自己进入广播行业。终于,他在爱荷华州的达文波特市停住了流浪的脚步,成了一家电台的体育播音员。"他终于找到了工作,这多美好呀,"后来这个年轻人坦率地说道,"不过,更有意义的是,我知道了应该去行动这个道理。"

　　这个年轻人叫罗纳德·里根,后来他成为美国第40任总统。

　　成功人士总是有意无意地运用吸引力法则吸引自己想要的东西。如果每个人都能清楚地知道自己想要得到什么,再加上行动和努力,并坚持到最后,其所思所想就会变成现实。

魔力悄悄话

　　"吸引力法则"被西方人称为惊天秘密,而且声称:过去知道这个秘密的,竟然都是历史上的伟大人物:柏拉图、莎士比亚、牛顿、雨果、贝多芬、林肯、埃默森、爱迪生、爱因斯坦。了解这个秘密,就没有做不到的事。再次强调指出:不论你是谁,你想要什么,只要通过这个秘密你就能实现梦想!

敢于不断冲击你的梦想

一个人充满理想，这是好事情。但人们还必须懂得，理想只有在脚踏实地的行动中才能得以实现。

"经营之神"松下幸之助是众所周知的成功企业家，他的经营哲学便是：日积月累，脚踏实地做好每一天的事情。

松下幸之助指出："我并没有那么长远的规划，珍视每一个日日夜夜，做好每一项工作。这是有今日辉煌的秘诀。创业初期，一天的营业额仅一日元，后来又期盼一天有两日元，达到两日元又渴望三日元，如此而已，我们只不过是热心地努力做好每一天的工作。"

他在一次演讲中说道："迄今每遇到难题的时候，我都扪心自问，自己是否以生命为赌注全力对待这项工作？当我感到非常烦恼苦闷时，往往是没有全身心地投入工作。由此我便洗心革面，全力向困难挑战。有了勇气，困难便不成其为困难了。"

"让青年胸怀大志的确是件好事，然而，为达此目的，需要日积月累，珍视每一天的每一件工作，由此而循序渐进地有所进步，长此下来，最终将成就伟大的事业。"松下幸之助就是这样去实践的。

我国著名大企业家李嘉诚也指出："不脚踏实地的人，是一定要当心的。假如一个年轻人不脚踏实地，我们使用他就会非常小心。你造一座大厦，如果地基不稳，上面再牢固，也是要倒塌的。"实现理想之路就像爬山一样，必须一步一步，踏踏实实向前走。

下面的故事就说明了这一道理。

有一座高山，上山的路有三条，有一位年轻人往四周看了看，在山脚有一位卖茶水的老人。年轻人就来到老人面前，问道："老大爷，我要上山去，该走哪条路才近呢?"老人伸出三个指头,反问道:"左、中、右三条路,你想走哪一条?"年轻人想了想,回答说:"左边。""左边的路坎坷不平!"年轻人二话没说,走了。

时间过去了很久,年轻人又一次出现在老人面前。"老大爷,我都爬了半天了,怎么也走不出那些坎坷,您能不能再指点我一条上山的路呢?"老人又伸出三个指头:"左、中、右三条路,你想走哪条路?""右边的。"年轻人声音很轻。"右边的路,布满荆棘。"年轻人呆呆地望了老人一会儿,转过身去,一步一步地走了。

时间又过去了很久,年轻人第三次来到老人面前。他大口大口地喘着粗气:"老大爷,我必须上山啊!可是走来走去,老在原地打转,怎么也走不出迷惑的荆棘,请您老人家无论如何帮帮忙,告诉我上山的路吧?"老人还是伸出三个指头:"左、中、右三条路,你想走哪一条路?""我想走一条平坦的路!"

年轻人这一次毫不犹豫地回答,脸上掠过一丝笑容。"平坦的路是没有的啊!"老人说完,眼光里似乎充满了鼓励。

年轻人用沉思的目光扫了老人一眼,似乎突然明白了老人的用意。他背起背包,重新上山了,一步一步,坚定地向上攀登着。

也许你会说,我每天也在重复地尽自己的职责,这不就是脚踏实地吗?确实,每个人都会做却又不屑于做的动作和事情,它们贯穿于每天的工作,甚至你完成了这样的一个动作,自己都不记得。

比如,你每天都会把文件送到上级手里,你会记得你是用怎样的动作送过去的吗?这也正像全世界都谈论"变化""创新"等等时髦的概念一样,"脚踏实地"是每个人都能够做到的,可是你真正做到了新涵义的"脚踏实地"了吗?

我们看这样一个实验:给你一张足够大的纸,你所要做的是重复地对折,不停地对折。我的问题就是:当你把这张纸对折了51次的时候,所达到的厚度有多少?一个冰箱那么厚或者两层楼那么厚,这大概是你所能想到的最大值了吧?然而通过计算机的计算,这个厚度居然接近于地球到太阳的距离。

没错,就是这样简简单单的动作,是不是让你感觉好似一个奇迹?为什么看似毫无分别的重复,会有这样惊人的结果呢?换句话说,这种貌似"突然"的成功,根基何在? 就像折纸一样,最后达到的高度与每一次加力是分不开的,任何一次偷懒都会降低你的厚度,所以动作虽然简单却依然要一丝不苟地"踏实"去做。而且后一次所达到的厚度与前一次是分不开的,环环相扣的"踏实"可以达到分散几次望尘莫及的效果。也就是说,"突然"的成功大多来自这些前进量微小而又不间断的"脚踏实地"。

魔力悄悄话

脚踏实地地做事并不等于原地踏步、停滞不前。它需要的是有韧性而不失目标,时刻在前进,哪怕每一次仅仅是延长很短的、不为人所瞩目的距离。

营造一个成功的磁场

有了成功地吸引,普通人会被照亮,会重新审视自己,进而看重自己。如果你认为自己不行,那么你就肯定不行;如果你认为自己行,那么你就一定能行。这就是吸引力的力量。吸引力会在潜意识里为你营造一个成功的磁场,让你不断受到磁场的作用,进而指引自己向成功迈进。

回想一下我们曾经做过的事,认为自己能做好的事,我们就真的做好了;认为自己能做成的事,就真的做成了。由此可见,成功离我们并不遥远,关键在于我们是否看重自己。如果我们觉得自己完全可以,就会产生一种积极意识,就会认为成功是水到渠成的事情,结果真的成了;如果我们觉得自己完全不可以,就会产生一种消极意识,本来好的事情也会变得非常糟糕,结果真的败了。

比如有一个病重的人,医生告诉他还有几个月的寿命,如果在得知自己的病情后,他情绪低落,每天都想着死亡,那么不久之后,心理防线就会崩溃,等待他的就会是死亡的降临;如果这个人非常积极,每天以乐观的心态去面对,无视死亡的存在,那么他很可能会多活几年。

看重自己,是自信心增强的一种体现,更是吸引力不断增强的结果,它可以调节我们内心封闭的世界,让我们内心不断完善,不断提升。我们可以看看那些成功的人,他们就非常看重自己,并且由此产生了非常大的吸引力,通过不断地吸引,他们无限趋近于成功,最后达成所愿。

艾文班·库伯是美国非常著名的法官,小时候的他因家境贫寒而生性懦弱。

库伯在密苏里州圣约瑟夫城里的一个贫民窟里长大,他父亲以裁缝为生,家境非常贫穷。小库伯很懂事,为了家里能够取暖,他每天都要到铁路边上捡一些煤块。

每天,小库伯都是偷偷地去,因为他怕放学的孩子们看见,但是偏偏有很多次被这些孩子发现了。有一群淘气的孩子,经常看见衣衫褴褛的小库伯在那边捡煤块,就在小库伯回家的路上袭击他,以此来获得心理上的满足。

在孩子们的不断戏弄中,小库伯一直处于自卑和恐惧的状态中。直到有一天,库伯读了一本书,内心受到了非常大的鼓舞。这本书就是荷拉修·阿尔杰写的《罗伯特的奋斗》。

书中描写了和小库伯一样的少年在面对不幸时,不断地进行坚强斗争的故事。同龄孩子的故事是很有感召力的。库伯被故事所吸引,他觉得自己也可以像书中的小男孩那样生活。

在读完这本书的几个月后,库伯又去铁路上捡煤。在他回去的途中,有三个男孩追在他的身后,想要羞辱他,库伯本来想逃离开,但是他坚定地停住了脚步,把煤球紧紧握在手中,就像书中的少年一样,和命运作斗争。库伯的举动让三个孩子吓了一跳。

库伯和三个男孩展开了搏斗,最后,库伯获胜了,虽然脸上和身上都挂了彩,但是库伯克服了恐惧,从此完全变了一个人。

库伯通过阅读,使自己找到了人生新的起点,并在最后成了一名优秀法官。

看重自己,就是看重自己的人生,被自己所吸引,恐惧感也就自然会消失了。看重自己,其实就是对自己的人生负责。有人说,人生是一场无穷无尽的行走。

我们承认人生的确如此,但关键是要找到我们行走下去的动力!动力在何方?其实,动力就在我们心里,只要我们看到动力所在并坚定地走下去,人生的美妙风景就会展现在我们面前。假如我们在日常生活中只想且行且过,那么,我们的人生将会变得非常单调,就会失去了本应有的魅力,我们的人生也就不是完整的人生。

诚然,每个人面对一件棘手事情的时候,都可能怀疑自己信心不足,能力不足。但是,如果这样不断地对自己进行否定,吸引力的反力就会马上发挥作用,最后只能一事无成。

事实上,没有任何困难能把我们打倒,我们的倒地只是源于假想敌。只要我们能多一点自信,多看重自己一些,我们就能发现生命中的闪光点,进而坚定地迈向成功。

吸引力——迷花倚石忽已暝

　　成功的关键在于,我们潜意识认为我们能成功,这样,我们才能不断被吸引,才能取得成功。其实,梦想并不是远在天边,而是近在眼前,我们需要的就是让成功不断吸引自己,自己也不断吸引成功,只有这样不断地坚持,梦想才会成为现实。

魔力悄悄话

　　人生中没有万无一失的事情,有的只是尽全力去做的事情。不要太看重结果,其实人生沿途的风景也非常美好,因此你要告诉你自己,你是独一无二的,因为你人生的风景只有你自己才看得到,看得全。

第五章
善于运用吸引力

存在决定意识，意识对存在具有反作用。

我们想要达到目标，就要重视我们和意识之间的关系。

我们的吸引力能够产生磁场，磁场能影响我们的潜意识，而正是潜意识的能量会左右我们未来的走向。

我们要做的不是成为意识的奴隶，而是成为意识的主人，只有如此，我们才能在成功路上继续前进。如果我们被意识所左右，吸引力的光芒就会暗淡，而我们也就很难再取得成功了。

让别人感受到你的吸引力

我们每个人都渴望被赞美,这不仅是对我们的一种肯定,更能让我们在接下来的工作中继续保持热情。所以,请不要吝啬你的赞美,赞美远比批评要更容易被人所接受。

赞美往往会让别人在心里产生对我们的良好印象,这样,别人才愿意接近你,而接受你才能感受到你的吸引力。

赞美会给对方留下非常美好的印象,因为赞美能够最大限度地满足对方的心理需求。

如果我们只想让别人赞美自己,而不想去赞美别人,最后的结果,只能是让自己变得冷漠,这样就无从谈起什么磁场了。

在生活中,赞美更像是一种温柔的认可,它能潜移默化地影响到别人,让别人从你的赞美中看到你的亲和力,这样,别人才会愿意和你成为朋友。没有任何一个人愿意和木头一样的人成为朋友,这就说明交流在生活中的重要性。

赞美也不是一味地逢迎,赞美的目的就是让别人愿意亲近你,愿意走近你。只有走近你,才能了解你,才能感受到你的磁场。如果没有赞美,别人根本就不愿意走近你,也就不会感受到你的吸引力了。

没有人会拒绝一个对他赞美的人,他们都喜欢和这样的人成为朋友。比如,"你今天穿的衣服真漂亮!""你的鞋真漂亮,从哪儿买的?"……恰如其分的赞美,可以在彼此之间营造出一个互通有无的桥梁,让彼此之间靠得更近,这就是赞美的力量。

我们可以回想一下,我们已经有多久没有赞美身边的朋友和亲人了?当我们冷静思考之后会发现,我们之所以吸引力会下降,主要原因就是因为我们缺少与他人的沟通,缺少赞美。其实,沟通的技巧很重要,而赞美无疑是沟通技巧中最容易被人所接受的。

孟子说:"爱人者,人恒爱之。"赞美别人也是如此,如果我们像《诗经》中所说的那样"投我以木瓜，报之以琼琚"，别人也就自然会赞美你了。每个人看人都喜欢两面去看，我们都希望别人看到的都是自己的优点，这就要求我们先要看到别人的优点，不断赞美，这样，你的吸引力才会形成，然后才能影响到别人，让别人改变对你的看法。

赞美就像照镜子，当你经常把赞美送给别人时，你总能换取到对方同样的态度，甚至意外的回赠。哪怕有时你的赞美是没有任何利益目的的，你也会给别人留下好的印象，并在未来的某一时刻因此而受益。

有一个富翁，家里非常有钱，他对自己的饮食起居非常讲究，为此，他请来一位厨艺高超的厨师，这位厨师每个菜都会做，做得最好的就是烤鸭。

富翁非常喜欢吃烤鸭，尤其是烤鸭腿，却从来不夸奖他。但是吃了几次，富翁发现，每只烤鸭只有一只鸭腿，他感到非常奇怪，他怀疑另外一只鸭腿是不是被厨师自己吃了。

一天中午，厨师和往常一样，把烤鸭端上了餐桌，富翁发现这只烤鸭仍然只有一只鸭腿，富翁非常生气地问厨师："怎么你做的烤鸭只有一只鸭腿？另外一只鸭腿呢？"

厨师淡淡地说："鸭子就只有一只腿。"

富翁更加生气了："你真胡说！世界上哪有一只腿的鸭子啊！"

厨师打开窗户，用手指着不远处的池塘。富翁顺着厨师手看去，看到的鸭子都是一只腿立着，而另外一只腿却缩了起来。虽然看到了这种情况，但是富翁仍然觉得事有蹊跷，于是就用力地鼓起掌来。鸭子被富翁的掌声惊醒了，动了起来，另外一只脚也伸了出来。

富翁非常开心，就跟赚了一大笔钱一样，说道："我说鸭子有两条腿，没错吧！"

厨师听了，仍然非常冷淡："那是因为你鼓掌了，鸭子的一只腿才变成两只腿了。如果你在吃烤鸭的时候，也鼓掌称赞一下，烤鸭的一只腿就会变成两只了！"

从此以后，富翁每次吃烤鸭的时候，都会赞美厨师的厨艺高超，而他吃到的烤鸭再也没有出现一只腿的情况了。

富翁每次只吃到一只腿的烤鸭，就是因为他不尊重厨师的劳动，如果多一些赞美，多一些鼓励，厨师做出的烤鸭就会有两只腿了。

　　每个人都喜欢被人赞美,哪怕小小的称赞,也会让他们非常满足。赞美会带来吸引力,而这种吸引力就是亲和力,如果我们想要在人际交往中更进一步,那么,就让我们用心去赞美吧!

魔力悄悄话

　　人生的道路需要惊喜带来的刺激,所以,哪怕是小小的赞美带来的惊喜,我们也是非常需要的。而赞美正是吸引力法则中积极情绪的重要组成部分。我们要做的,就是尽量去赞美别人,让别人感受到你的吸引力,这样,我们才能在赞美中结交到更多的朋友。

谦卑的人更有吸引力

我们为人处世的时候,不应该把自己的位置放得太高,应该收敛住自己的锋芒,这样,你的吸引力才会起到作用,别人才会愿意和你成为朋友。谦卑不是懦弱的表现,不是负面情绪,它能给我们带来的是吸引力的怀柔的一面。中国人常常说"柔能克刚",那么,究竟什么才算是柔呢?其实,谦卑就是一种柔的智慧,而这种智慧的吸引力的意义是非常深远的。

孔子说:"三人行,必有我师焉。"连孔子都如此谦卑,何况我们呢?我们每个人都不是完人,而谦卑就是让我们接近别人,同时也让别人接近我们的最好表现。道家认为"水善利万物而不争",这就是怀柔的表现。谦卑也是如此,不以锋芒示人,留下的只是低姿态。

谦卑是一种很好的为人处世态度,虚假的做作,只会让人心生厌恶。虽然吸孔力磁场强烈,但是这并不能说明吸引力不需要怀柔,刚而易折,唇亡齿寒,怀柔永远比刚硬来得长久。吸引力也是如此,如果吸引力的磁场过于强烈,不仅会灼伤自己,更会灼伤别人,这时,我们就应该及时转变自己的态度,让别人感觉到你的低姿态,别人才会更愿意去靠近你。

我们每个人都有优点和缺点,为何我们总是喜欢掩盖自己的缺点,尽全力去放大自己的优点呢?你不觉得这样做会给人一种生疏感吗?谦卑是人际交往的不二法门,它可以消除人与人交往的隔膜。如果消除了人与人之间的隔膜,我们就自然能和平相处了。在这时,你的吸引力才可以近距离发挥出它的能力,展现出它的强大磁场。

每个人都喜欢结交到一些和自己风格相同或相近的人。尽量保持谦卑,我们才会结交到更多的朋友。但是,最初交往的时候,如果你总是摆出一副拒人于千里之外的高姿态,只会让别人心生反感,就算想和你接近,也是有心无力。谦卑会让别人感觉到你怀柔的吸引力,而这种吸引力是让别人欲罢不能的,而这时,对方有想靠近你的意愿,他就会在行动上靠近你;就算他暂时无法与你靠近,他也会被你怀柔的吸引力所吸引。

毛泽东曾经说过："谦虚使人进步，骄傲使人落后。"人生的舞台不一定是留给有能力的人，更有可能是留给拥有怀柔智慧的人。时时保持谦卑，我们的人生才会变得精彩，才会有更多的人愿意靠近你。

从前有一位老人，可谓拥有大智慧的人，他总是带领他的弟子全国各地去修行。

有一名弟子经过一番修行后，练成了在水上行走的绝技，非常高兴。不仅如此，这名弟子还做了示范，趾高气扬地跟其他弟子炫耀，并且和老人说："师父，你觉得我水上行走的绝技怎么样？是不是你们每个人都该向我学习啊？"

老人默然不语，而是带领着所有弟子们来到河边，大家一起坐船去对岸。

众弟子都不知道老师的意思，等船到了对岸之后，老人问船家："这一次渡河要多少钱啊？"

船家说："两吊钱。"

这时，老人就对那个趾高气扬的弟子说："孩子，你自豪的新本事不过只值两吊钱，有什么可夸耀的？"

那弟子听完之后，羞愧地低下了头。从此之后，他开始注意自己的言行，终成一代大儒。

形成好的吸引力不容易，但是破坏掉吸引力却是很容易的事。我们都喜欢谦卑的人，因为他们平易近人，他们总是喜欢放低自己，迎合别人。古人说："满招损，谦受益。"就是说一个人不应该太过自满，太过张扬了，这样往往会让人感觉你不谦虚，让人不愿意与你相处，免得不和谐。

先民造出的庙宇和塑像，供人们膜拜，这是对造物主谦卑的一种表现。谦卑可以让我们学会感恩，阳光、清风、泉水……这些都是造物主的恩赐，只有谦卑的人才能发现它的价值，并虔诚地感恩造物主。

只有谦卑的人，生活才会呈现出多姿多彩的颜色，反观那些骄傲自满的人，他们的人生则显得暗淡无光。吸引力总是倾向于刚柔相济的人，因为他们懂得何时应该怀柔，何时应该刚强。著名物理学家牛顿晚年的时候说："我在科学面前，只是一个在岸边捡石子的小孩。"这句话正表现出了这个伟人的谦卑态度。牛顿穷尽毕生精力，发现了宇宙的浩瀚，但牛顿还是谦卑地看到了自己的局限性。

吸引力需要的是正面情绪，这就需要我们尽量发扬吸引力怀柔的一面，这样，我们才能因谦卑而伟大。

魔力悄悄话

吸引力能够形成磁场，但是谦卑却能让吸引力变得伟大。如果我们站在世界面前仍然不谦卑，这就说明我们过度自满，过度骄傲。刚和柔是对立的两端，谦卑和很多负面情绪也是对立的两端，比如骄傲、嫉妒、自满，等等。

用成功吸引成功

当我们取得成绩、迈向成功之后，还应该怎么做呢？我想，无外乎两种做法：

第一种做法是沾沾自喜，以自己的小成就为荣，每天夸夸其谈，把成功当作一劳永逸的事情，从此之后，每天只是得过且过，吸引力的光芒在这时就会逐渐消失。

第二种做法是对自己不满足，每天仍然继续奋斗，用自己的成功吸引力继续吸引成功，进而取得更大的成功。

在国学典籍《韩非子》中记载着一个"守株待兔"的故事，就很能说明这个道理：

古时候有一个农夫，有一次他去田里耕作，当时正值春季，草长莺飞，蜂鸣蝶舞，一派生机盎然的景象。

就在农夫笑眯眯地观赏田野景色时，突然，有一只兔子飞快地跑了过来。

由于跑得太快，兔子根本来不及转弯，直接撞到前面的大树上了。农夫看到撞树而死的兔子非常开心，认为自己捡了一个大便宜，于是就想：如果每天在这棵树旁边坐着，每天都能捡到撞树而死的兔子，这样多好，也不用每天早出晚归地耕作，每天还能收获兔子！

就这样，农夫开始了等待。他每天无所事事，就在这棵树旁坐着，等待兔子出现，然后捡起来回家。

这个小概率事件很难发生第二次，农夫逐渐消瘦了，田也开始荒了，而撞树而死的兔子再也没有出现过。

农夫捡到一次兔子，意外的满足让他每天都希望坐享其成，这谈何容易？这明显是在为自己的懒惰找借口。

守株待兔不如主动出击。自我满足是非常不可取的，只有对自己不满足，才能主动出击，才能离梦想更近。

在成功没有成为现实之前，我们的内心总会充满悸动，每天都是跃跃欲试的状态，这时，我们的吸引力是强大的，好像无所不能一样。但是等到成功来临之后，我们才会发现，原来成功不过如此。成功新鲜感只会存在几天，之后，很多人会意志消沉，会把自己的吸引力忘得一干二净，而等待他们的将会是失败的苦果。

对自己不满足，才能不断激发出我们的潜力，人生不是因为结果而美妙，而是因为过程而精彩。

我们不计得失地去坚持，即使我们失败了，倒在奋斗的路上了，虽然我们没有成功，但也会觉得无憾。

如果我们每天只是满足，不想奋斗，却想收获到更多的东西，我们收到的将会是残酷的现实。

不满足，不甘于平庸，吸引力才会不断被激发。如果我们每天晚上想千条路，到了白天仍然走老路的话，我们的人生将会一成不变，没有价值。我们要做的就是每天想千条路，第二天焕发出我们的激情，去走这千条路，这样，我们的不满足才会变为奋斗的动力，我们的吸引力也会因此变得强大。

美国著名的励志大师拿破仑·希尔曾经做过一个实验：他调查了很多背景不同的人，这些人的背景千差万别，有的人受到过良好的教育，而有的人则是文盲，有的人贫穷，有的人则非常富有。他们从事着不同的职业，每天奔向不同的人生方向。

虽然如此，但是这些人却很少有人是成功的。在这些人当中，有些人每天只是为了生活奔波，觉得每天能够解决温饱问题就足够了，他们不想打破这种平衡，他们只想每天过好自己的生活；有些人则是取得了成功，受到了别人的尊敬，展现出了强大的吸引力磁场。

经过一番研究，拿破仑·希尔发现，那些成功者，他们内心不甘于平庸，他们有合理的人生规划，并且为之不断奋斗。而他们的主要吸引力也会排除掉阻碍他们前进的吸引力反力，让他们更加坚定自己的梦想，他们深信，自己的梦想是一定能实现的。

拿破仑·希尔描述的其中一个调查对象的故事非常感人：

1949 年，一个年轻人来到美国通用汽车公司应聘，当时，通用汽车公司只招聘一个人，而应聘者却很多。

在面试的时候，面试官对这些人说："我们招聘的这个职位非常重要，竞争非常激烈，希望你们都做好心理准备。"

年轻人看看周围的竞争者只是笑笑："没关系，竞争越激烈，就越能激起我的斗志。我相信，不管多么困难的工作，我都能胜任，并且能够把工作做好！"

经过层层筛选，面试官被年轻人的自信所折服，决定给他一个机会。面试官好像从年轻人身上看到了自己当年的影子，于是，就对身边的秘书说："我刚才招聘到了一个想成为通用汽车公司董事长的人。"

年轻人刚来公司上班，就认识到了一个名叫阿特·韦斯特的人，他对阿特·韦斯特说："我将来一定能成为这家公司的董事长。"年轻人说的话和面试官说的话如出一辙，但是阿特·韦斯特不相信，他认为年轻人在吹牛。

弹指一挥间，32 年过去了，年轻人实现了当初自己许下的承诺，他真的成了通用汽车公司的董事长。这个年轻人就是罗杰·史密斯。

对自己不满足，就会调动起我们全身的奋斗细胞，而这些细胞将会促使我们向着成功不断迈进。吸引力需要我们内心的欲望去点缀，没有欲望的人生是可怕的。就算我们已经取得成功了，但这并不能代表什么，过去的只能成为历史，总有一天，这些过往将会湮没于历史的洪荒中。只有奋斗，才能让我们的激情永不消退，只有激情，才能让我们的吸引力大放异彩。

魔力悄悄话

我们每个人都有欲望，上学的想要获得好成绩，已经工作了的想要升职加薪，结了婚的想要爱情甜蜜……不同的欲望说明我们内心对自己不满足，有了更高的要求。如果我们没有欲望，只会让自己甘于平庸，而自己的吸引力也会随着平庸逐渐消失了。

形成吸引力的磁场

医学博士班·琼森说："如今,我们面临着多达 1000 多种的不同疾病和诊断。疾病,只是说明身体系统的某一环节松脱了,其实这都是由压力引起的。如果再在这个环节上施加足够的压力,它就会断裂,造成更严重的后果。"人生也是如此,如果我们有一个负面思想没有被排除,这个负面思想就会吸引到越来越多的负面思想,最后,将会导致我们思想的健康受到损害。而这种负面思想将会增加我们的吸引力反力,如果我们不加遏制,这些吸引力反力将会左右我们的主要思维。

我们要做的就是学会遗忘,不仅要学会忘记不愉快的事情,更要学会忘记自己的缺点。一项调查显示:当瘟疫到来的时候,有 5000 人是真正死于瘟疫的,但是却有 5 万人死于对瘟疫的恐惧。很多负面思想都是由一个小小的点引发的,而我们需要做的就是防微杜渐,把这些负面思想在萌芽阶段就清除掉。

负面思想之所以会有强大的吸引力,是因为人之劣根性的存在,我们每个人都希望有天上掉馅饼的好事,不愿意去付出,只想索取,这样一来,不仅我们内心的吸引力反力会变得强大,而且我们的人之劣根性也会随之滋长。我们知道,好习惯的养成,优点的形成不是一朝一夕的事情,但是走向堕落却是轻而易举的事情。

在现实生活中不仅疾病会传染,就连负面情绪也会传染。如果我们恐惧,潜意识就会不断散发出恐惧意识,这样,我们就会变得越来越恐惧,就连我们身边的人也会被我们这种恐惧传染;如果我们看到身边的人都在打哈欠,我们不仅会看到,而且我们的潜意识还会条件反射地为我们下达一个想要睡觉的指令,就算我们不想睡觉,也会变得想睡觉了。

人生的痛苦,全都来自我们的负面情绪,是这些情绪产生了吸引力反力,让我们变得不快乐。这就像是病痛,如果我们不去想它,每天只是想一些快乐的事,一些美好的事,我们就会感觉到人生的美好,病痛也就会被忽视了；如果我们每天都在想病痛，那么，就算是小病，在我们潜意识的不断影响下，也会变成大病。

我们希望人生美好，希望成功，这就需要我们靠积极的吸引力的影响，带领我们攀登上一个又一个高峰。负面思想只会让我们看到世界的阴暗面，只会让我们看到人性的缺点。想要让世界变得美好，就要先让我们自己变得美好，这样，吸引力磁场才能形成，而我们才会成功。

杰克是一家餐厅的经理，他每天都能拥有一份好心情，就算情况再糟糕，他也不会让自己的好心情消失。不管遇到什么样的人，不管发生什么样的事，杰克总是面带微笑。

很多人看到杰克每天如此乐观，非常不理解。有人就耐不住好奇地问："杰克，你每天那么快乐是因为什么呢？"

杰克微笑着回答说："每天早上，当我看到第一缕晨光出现的时候，我就告诉自己，今天，我有两种选择，可以选择好心情或者是坏心情。我总会选择好心情，就算有不好的事情发生，我也能从中学到经验。我总能看到别人的闪光点，这样，我就会非常快乐了。"

那人继续问："但是不是每件事都能轻易解决啊？我们每天遇到的事情，我们自己都不能左右，又怎么能时刻保持好心情呢？"

杰克解释说："我们不能选择每天将要发生的事，但是我们可以选择一份好心情啊！不管我们选择的是好心情还是坏心情，一天不照样会过去吗？"

几年之后，杰克的餐厅遭到了抢劫，有3名抢劫犯冲了进来，他们用枪抵住杰克的头，让他打开保险箱。由于杰克过度紧张，弄错了一个号码，抢劫犯非常惊慌，就朝杰克开了一枪。邻居听到枪声，很快赶了过来，把杰克送到了医院。经过一昼夜的抢救，杰克终于保住了性命，但是仍然有块子弹皮留在了他的头上。

事情过去半年之后，那人再次遇到了杰克，问杰克最近怎么样，并且问了杰克那次抢劫的经过。

杰克微笑着说："我很幸运。抢劫犯闯进餐厅的时候，我第一反应就是忘记了锁后门。当抢劫犯朝我开枪之后，我可以有两个选择，一个是我可以死，另外一个就是我可以生。最后，我选择了要活下去。"

那人非常惊讶："你不害怕吗？"

杰克解释说："当我被推进急救室的时候，我看到医生和护士紧张忙碌表情的时候，我也感到了害怕。因为他们的脸上的表情明显是在说，我已经是一个死人了，所以，我知道，我应该采取一些行动了。"

那人问："你采取什么行动了？"

杰克回答说："当时，有一个身材高大的护士问我是否对什么东西过敏，其他人都在等待我的回答，我笑着回答说，有。接下来，我喘了一口气说，子弹。医生和护士在我身边都大笑了起来。这时，我告诉他们，我想活下去，请不要对我失去信心。最后，奇迹发生了，我真的活了下来。"

我们每个人都希望自己能拥有一份好心情，但是，现实是残酷的，在我们快乐的时候，现实总是会把它的残酷呈现出来。这时，我们就需要及时调整好自己，让自己正面思想的吸引力起主要作用，驱散负面情绪。

魔力悄悄话

忘记负面情绪，我们才能轻装上阵，这样，我们才会看到世界的美好，积极思想也会为我们营造出一个强大的吸引力磁场。著名作家罗曼·罗兰说："生活中不缺少美，只是缺少发现美的眼睛罢了。"生活很美好，只要我们能发现生活中的美好，那么，人生处处都是美好的。

有吸引力的人生

人生不如意事十之八九。婴儿的时候,我们会为自己得不到的心爱玩具而哭泣;再大一些,我们会因为学走路跌倒而哭泣;上学的时候,我们会为自己糟糕的学习成绩而悲伤不已;学业有成的时候,我们会为找不到一份满意的工作而愤慨……苦难是一所大学,它需要我们时时学习,这样,我们才会拥有闲适的心灵。

面对不如意的事情,我们最应该做的就是想开一点,因为我们的人生很漫长,开心是一天,不开心也是一天。如果我们总是拘泥于不如意的事,我们的好心情就会一落千丈,对生活和工作就再也提不起半点兴趣了。吸引力总是喜欢乐观的人,因为这些人不惧苦难,他们面对苦难的时候,谈笑自若,开朗无邪,这样的人有着独特的人格魅力,而正是这种乐观的心态,让他们吸引力的磁场变得更加强大。

有位哲人曾经说过:"我们的思想能令天堂变地狱,地狱变天堂。"我们怎么去想,我们身边的世界就会怎么变。有些人总是为了一些没必要的事情而郁郁寡欢,这些本来就是芝麻绿豆点儿的小事,但是因为我们总是刻意地去想,小事也都变成了大事。如果我们总是这么想,我们的潜意识里将都是负面情绪,这样的话,我们的吸引力就会荡然无存了。

看开一些,我们才会发现生活中的美好。没有翻不过去的高山,也没有跨不过去的大河,我们在脆弱的时候应该学会坚强,在苦难的时候应该想到美好,这样,我们的吸引力才会变得更加强烈。遇事想得开,我们才能逢凶化吉,我们应该向前看,不应该总拘泥于过去,过去已经成为了历史,无法再改变了,就算我们想得再多,也无法改变既定事实。只要我们心中有希望,我们就能找到生命中的美好。

俄国著名诗人普希金曾说:"一切都是瞬息,一切都会过去。而那过去了的,却会变成亲切的回忆。"是的,"一切都会过去",我们要做的就是多去转换角度,去想一些美好的事情,这样,我们的人生才会被吸引,才会变得美好。

　　淡泊以明志，宁静以致远。不要去追求不切实际的梦想，它只会破坏你的好心情；也不要总是惦记一些鸡毛蒜皮的小事，因为这些事不过是人生路上的点缀。既然想要成功，就要不断去追寻，哪怕成功的路上袭来了寒风冷雨，我们也要义无反顾地去追寻。

　　想得开与否主要在于我们自身，木已成舟，已经无法挽回的事情，多想也是无益，与其如此，不如去做一些有意义的事情，这样，我们悲伤的情绪才会终止，而未来的希望才会变得更加清晰。如果我们想不开，更应该从自身找原因，是因为我们太钻牛角尖了而想不开，还是因为我们的行动与自己的思想相悖了而想不开？找到问题的根源，我们才能卸下重担，我们的生活才会变得美好。

　　战国时期，群雄逐鹿。正当秦赵两国势成水火的时候，蔺相如在渑池之会上立了大功，化解了秦国蚕食赵国的危机，赵惠文王非常高兴，一回国就拜他为上卿。

　　廉颇得知此事后非常生气，私下对自己的手下说："我是赵国大将，为赵国南征北战，立下了汗马功劳。而蔺相如只会说嘴，哪还有什么功劳？竟然成了上卿，比我官还大。等到我见到他，一定要好好羞辱他。"

　　蔺相如听闻此事后，就装病不去上朝了。但是冤家路窄，有一次，蔺相如带领自己的门客准备出去，看见廉颇的车马迎面而来。蔺相如马上下令让自己的车队退在一旁，请廉颇先过去。

　　蔺相如的手下非常生气，认为蔺相如胆小怕事。蔺相如反问他们道："廉颇和秦王比，谁的势力更大？"

　　众手下不假思索地回答道："当然是秦王势力大了。"

　　蔺相如说："你们说的没错。全天下的诸侯都怕秦王，但是我不怕他．我既然敢当面指责秦王，又怎么会害怕廉颇将军呢？你们也许不知，秦国之所以不敢来侵犯赵国，就是因为我和廉颇将军两个人同时存在。如果我们两个失和，被秦国知道了，他们就会派兵来攻打我们。为了国家，我也不能得罪廉颇将军。"

　　这段话传到了廉颇的耳朵里。廉颇听到后非常惭愧。他是个直性子的人，知道自己做错了，干脆裸着上身，背着荆条，来找蔺相如请罪。

　　蔺相如赶忙扶起跪在地上的老将廉颇说："我们两个人都是赵国的大

臣,食君之禄,担君之忧,我已经非常高兴了,您怎么能来向我赔礼呢?"

自此之后,廉颇和蔺相如成了知心朋友,全心全意地辅佐赵王。

蔺相如从大局着想,对廉颇的讽刺只是一笑置之,这是多大的胸襟啊!而蔺相如也因为自己的果敢与宽容,为后世人所敬仰。

万事多想开一点,人生才会变得美好。越在意,越会让自己走进死胡同。开心是一天,悲伤也是一天,为什么我们不能快乐地度过每一天呢?

魔力悄悄话

人生就要拿得起,放得下,这样的人生才会有吸引力。太在意的人生,反而是狭隘的人生。你的心有多大,你的人生才会有多大。吸引力的强弱和心情有着必然联系,如果我们想要自己吸引力的磁场更强大,就应该想开一些,这样,我们的人生才会变得豁达、潇洒!

不要让吸引力离你而去

　　为什么有些失败者失败之后总是自暴自弃,不相信自己,不相信未来?原因其实很简单,那就是因为你不是一个理性的失败者。理性的失败者需要有成功的信念,正因为如此,你才能重新获得吸引力,成功才会再次被你所吸引。

　　信念虽小,但是它却是我们成功路上的基石,如果我们没有信念,我们对于成功的渴望就会逐渐消散,我们本来聚集起来的潜能也会瞬间化为泡影。当面临失败时,我们要清醒地认识到:失败已经发生了,马上就会成为历史了,想要挽回已然不可能了。不管我们以什么样的心态去面对,失败已经到来。在这时,我们要做的不是伤心哭泣,而是勇敢地从失败的阴影中站起来,这时,我们才能看到成功的曙光。

　　印度著名诗人泰戈尔说:"错过了月亮,千万不要悲伤,因为下一秒,你有可能错过流星。"信念就是不断坚持再坚持,发挥出连绵不绝的吸引力。正因为有了信念力量的支撑,我们才不会被失败所击垮。失败只是我们人生路上的一次历练,我们要做的就是战胜它,继续向终点迈进。

　　信念是我们心底不断发出的怒吼,我们只有相信自己,别人才会受到你的感染,才会看重你。我们每一个人都是独一无二的,不要因一时的失败自乱阵脚。当信念深入内心的时候,我们就会感觉到自身的强大吸引力,而在这时,失败也会变得无足轻重了。

　　其实,人生中的每一步都是如此,我们随时随地都有可能失败,都有可能走向消极的极端。如果总是因为害怕而止步不前的话,人生将会处于静止消沉的状态,这样的人终将会被社会所淘汰,这样的人生终将是灰暗的人生。人世间最快乐的事情,莫过于为梦想而奋斗。我们不能因为一时的失败而对自己失去信心。我们只有相信世间的美好,把这种美好放到心底,等到有一天我们失败的时候,我们在认真检视中就会发现,原来失败也不过如此。

等到我们把失败看淡，把人生看穿，我们就会发现，不管是多大的失败都只是短暂的挫折，相比于人生的广阔，相比于宇宙的浩瀚无垠，失败显得是那么渺小。

格拉夫曼是美国著名的钢琴家，他从小就展现出了过人的音乐天赋。21 岁的时候，他就获得了利文特里特音乐大奖。在获奖之后的 30 年中，格拉夫曼便一直在世界巡回演出，几乎每一场演出都是爆满，这让他非常开心。他知道，自己的人生价值正在一步步实现。

然而，天有不测风云，1979 年，格拉夫曼遭遇了人生最大的一次打击——他的右手严重受伤了。医生通知他说，他今后再也无法弹钢琴了。这个消息，对于痴迷音乐的格拉夫曼来说，简直就是晴天霹雳。面对这样的困境，格拉夫曼非常迷茫，不知道自己今后还能做些什么。

无所事事的格拉夫曼去了哥伦比亚大学进修，在进修的过程中，他来到了中国，他希望新的生活能够刺激到他，希望在中国能够有一些让他感动的事情发生，以便让他重拾自信。在中国，格拉夫曼感受到了万象更新的新气象，使他对自身状况有了更为深刻的认识。

数年时间一晃而过，格拉夫曼再一次坐在了钢琴面前。在这几年时间里，他以惊人的毅力，专门练习用左手演奏作品。了解钢琴的人都知道，演奏钢琴通常都是右手弹旋律，左手弹和弦，如果用一只手表现两只手所能达到的丰富音色和美妙旋律，是非常困难的。这需要左手的五个手指互不干扰，有非常高的独立性，即左手拇指与食指弹奏旋律，中指和无名指伴奏，小指弹奏低音，左手在弹奏中必须掌握大跳的技巧。同时，为了弥补单手独奏的音色的不足，双脚还要交替踏中踏板和右踏板来延长低音时间。

就是这看似几乎没有可能的高难度动作，终于被没有右手来参与弹奏的格拉夫曼做到了。1985 年，他与祖宾·梅塔及纽约爱乐乐团成功地演奏了北美近代协奏曲，演出获得了极大成功，格拉夫曼也因此获得了"左手传奇"的美誉。

2009 年，81 岁的格拉夫曼再次来到中国。在北京中山公园音乐堂，又一次续写了"左手传奇"的新篇章。那一天，格拉夫曼缓缓地走上舞台，给了观众一个优雅的鞠躬，然后用右手略微吃力地调整一下座椅，左手便开始流畅地在按键上跳跃。

整场音乐会，格拉夫曼几乎没有换过姿势，完全凭借着娴熟的技巧，完成了这次精彩的演出。演出结束后,会场的观众为这个坚强的男人响起了经久不息的掌声。

没有人怀疑格拉夫曼的自信,就像没有人怀疑他当时的失败一样。如果没有自信,格拉夫曼就会倒在失败的血泊中,无法爬起来,同样的,我们到现在也不会知道有格拉夫曼这样一个人。正因为格拉夫曼有着超乎常人的顽强,让他战胜了苦难,完成了看似不可能完成的任务,赢得了所有人的赞赏与钦佩。

失败并不可怕,失败后爬不起来才是真正的可怕。如果我们不能做一个理性的失败者,就无法做一名真正的成功者。我们需要这种自信的吸引力,而这种自信的吸引力,也会带领我们不断取得新的成功。

魔力悄悄话

强大的吸引力能无休止地发出吸引力的磁场,而我们会被这种磁场所感染,重拾信心。成功总是倾向于执着的人,而那些失败之后就倒下的人,则必然会被成功所遗弃。我们要做的就是在失败过后面对现实,重拾信心,继续奋进,不要让一时的失败成为终点。

找到梦想与现实的切合点

《道德经》中说："合抱之木,生于毫末;九层之台,起于累土;千里之行,始于足下。"意思是合抱的粗木,是从细如针毫时长起来的;九层的高台,是一筐土一筐土筑起来的;千里的行程,是一步一步迈出来的。人生就是一个不断坚持的过程,谁放弃,谁就会失去成功的机会。机会对于每个人来说都是均等的,关键就在于我们在成功的路上能坚持多长时间,谁的意志力强大,坚持到底,谁就能取得成功。吸引力也是如此,我们只有不断坚持,吸引力的光芒才能源源不断地展现。

人生中总是有很多无可奈何,但是又有很多机遇,正是因为人生的不可知,所以我们才会愿意做好准备,去体会人生的精彩。坚持就是持之以恒的努力,只有不断奋斗,对未来充满希望的人,才能找到梦想与现实的切合点。

《荀子·劝学》中说:"骐骥一跃,不能十步;驽马十驾,功在不舍。"意思是千里马的一跃,却还不到十步远;而老马走一步虽没多远,但它却能坚持下去,直至到达终点。

坚持是我们走向成功的必备品德,我们做事情就要有始有终。世界上只有一种失败,那就是半途而废。只要我们咬紧牙关,不断坚持,我们的成功道路就会变得坦荡,而我们的未来也会变得一片光明。

法国著名化学家巴斯德说:"告诉你使我达到目标的奥秘吧,我唯一的力量就是我的坚持精神。"

任何伟大的事业,如果想要成功,就要坚持不懈地去努力,如果半途而废,迎接你的将会是无底的深渊。其实,成功没有秘诀,贵在坚持不懈。人生中最容易的是坚持,因为人人都能做到;人生中最难的事情也是坚持,因为能真正坚持下来的人只是少数。

盖瑞是个苏格兰人,在乡下开了一间小小的杂货铺。平日里,光顾小店的人并不多,东西卖得也很慢。一次,盖瑞向伦敦的一家靛青厂订购了"40

磅"货物，这些东西足够他卖上好几年了。可是，他的订单在供货商那里却被写错了，变成了"40吨"。供货商知道盖瑞是个有信用的人，于是决定给他发40吨靛青。

可怜的盖瑞一下子惊呆了。整整一个星期，他焦急地四处奔走，询问该怎么办。他想尽了靛青的所有用法，想办法去推销。可是，那是40吨的靛青啊！虽然问题很严重，可盖瑞还是尽量保持着耐心和冷静。

有一天，盖瑞的店里突然来了一位衣衫整洁的男士，坐着两匹马拉的大马车从伦敦到乡下来，找到盖瑞住的地方。男士对盖瑞说，伦敦的公司知道他们自己犯了个错误，他就是被派来处理此事的，他们可以运回已经发出的靛青，并且将付给盖瑞运费。

盖瑞心想："如果没有什么益处的话，他们是不会特地派个人来专门处理此事的。"于是，盖瑞坚持说，他要的就是40吨靛青，没有弄错。

男士有些尴尬，他提议找个小酒店，边喝边谈。盖瑞平日很喜欢喝酒，但此时的他却控制住了对美酒的喜爱，他知道自己必须保持清醒的头脑，于是就婉言拒绝了。

接下来，男士用了各种各样的方法，试图与盖瑞谈谈，但盖瑞对那位男士说："如果你以为苏格兰人不知道自己在做什么的话，那就大错特错了。"

这一次，男士失去了自制，说出了真相："事实上，我们得到了一个大得多的靛青订单，我们的现货不够，为此，我们可以给你500英镑的补偿来发回你的靛青，另外运费仍然由我们承担。"盖瑞摇头，他想看看对方的底线到底是多少。

男士提出的另一个价钱也被盖瑞拒绝了。最后，男士完全失去了自制，把公司给他的指令和盘托出，说："你这顽固的老头，5000英镑，我最多能给这个价！"盖瑞平静地接受了，虽然他内心很是欢喜。

原来，西印度群岛的农作物歉收，但是当地政府的军队需要蓝色颜料来染军服，因此迫切需要购买大量的靛青。结果，盖瑞因为非凡的自制力而发了一笔横财。

意志力坚定，愿意坚持的人，必然会收获成功。人生没有失败者，只有对自己不负责任的人。

人生最美好的事情，莫过于为了梦想而奋斗，难道我们不觉得为了梦想而奋斗非常美好吗？人生贵在坚持，你要怀有梦想，并坚持去完成，你就会实现。

　　富丽堂皇的建筑物都是由一块块毫不起眼的石块砌成的,这些石块虽然很不起眼,但是一块一块累加起来,它们就砌成了不同凡响的建筑物。人生就是如此,只要我们坚持,按部就班地去努力,就会看到光明的未来。

魔力悄悄话

　　在成功的道路上,我们更应该坚持不懈,因为只有不断坚持,我们的潜意识才会被坚持的信念所感染,有了这样的推动力,我们的人生才会变得精彩,未来才会变得一片光明。

意志屈服与吸引力

我们把一块一米宽的钢板放在地面上,让一个人从上面通过,不管这个人是什么人,只要他手脚健全,无论他是跑着还是蹦着,他都能顺利通过去。如果还是这块钢板,把它放到两座一百多层的高楼中间,那么这个人还敢毫不畏惧地走过去吗?

人天性中就有恐高的心理,没有受过特殊训练的人,是不太可能从高空作业的钢板上面掉下来还活着的。那么,同样的钢板,放在不同的地方,在通过它的时候,为什么会有如此大的差距呢?

原来,钢板放在高空的时候,我们脑子里就会一直想"不要掉下去",不仅如此,我们还会幻想如果掉下去,自己将会如何如何,自己已经把自己的结果想好了,主观意志就会吸引你的内心向自己假想的结果无限趋近,最后,掉下去也就成了无法避免的事实了。这就是一种吸引力,它引导了你的思想并最终引导了你的行为。

其实,所谓的吸引力法则,就是相互吸引,它是一种同类的相互吸引,只要你有一个思想,就会吸引同类的思想加入。更多的时候,我们需要的不是单一的思想,而是吸引力,让自己的思想不断吸引住自己,带领自己不断向成功迈进。

在生活中我们也会碰到一些这样的例子,比如我们踢足球的时候,如果我们射门,心里总是担心球进不去,而且还想象出一个因进不了球而被队友怨责的画面,等到事情发生之后,我们就会发现,事实与我们内心所想的如出一辙。

阿根廷作家博尔赫斯说:"强劲的幻想产生现实。"如果我们总是被自己心里幻想的假象所吸引,那么惨痛的现实往往不期而至;但如果我们给自己以强大的信心,就会创造出意想不到的结果。

有时候,我们不得不承认,我们思考问题的时候,会被某种潜意识所操纵。

我们每个人心里都蕴藏着一股神奇的力量，只要我们把这种力量激发到最大值，那么我们不仅能吸引到自己，还能吸引到别人。

美国太空总署前任训练宇航员的心理学专家丹尼斯·维特利博士，从1980年开始接任美国奥委会运动学委员会心理组主席一职，负责培养美国奥运选手，正是因为他在其中起到了不可忽视的作用，使美国奥运队成为世界体坛金牌数量最多的获得者。

同样都是运动员，为什么美国队能够一枝独秀？你可能会认为，美国人和别国的人不同，但是你要知道，欧洲人和南美洲人同美国人都差不多，可为什么只有美国人能够取得成功呢？其实，就是因为维特利博士注重吸引力法则的运用。

维特利博士训练选手，总是要求他们先静下心来思考，回想自己在历次比赛中最完美的一次，享受这段比赛过程之后，用一年去训练奔跑。

维特利博士总是用最先进的仪器对运动员的生理现象进行测算分析，经过多次分析，他发现比赛过程中运动员的生理现象和静下心来思考时的生理现象是完全相同的。

自此之后，他就开始让美国运动员不断强化自己的正面潜意识。经过这样的训练之后，美国运动员终于取得了骄人的战绩。

维特利博士辅导这些运动员主要是强化他们的精神思想，强化他们的正面潜意识，并且不断激发出他们的潜能，以此来取得越来越多的最佳结果。

在维特利博士的辅导下，美国运动队在每次比赛之前，在自己的心里都形成了一种强者意识，认为自己拿到金牌是必然的，这就为他们最后的胜利奠定了坚实的思想基础。

维特利博士的经验值得我们深思。我们中国奥运队也应该树立起这样的正面潜意识，加上不懈的努力，最后就一定能为中国赢得越来越多的好成绩。事实上，这一点已经在2008年北京奥运会上得到了很好的证明。

上面的事例说明，成功就是一种潜意识在发挥作用，它会让有志向的人被目标所吸引，使得自己和目标无限接近。这样对目标的趋近，好运必然会到来。

在现实生活中，如果你有一个需求的潜意识，而且这个潜意识非常强烈,那么你的心理活动就会不断暗示自己,让这个想法无时无刻不充满你的全身,指引你为了实现这个目标不断奋进,而这个想法就是你实现目标的最根本动力。因此可以说,真正拥有吸引力的人会让自己周围形成一个磁场,这种磁场会潜移默化地指引我们向着成功迈进。

魔力悄悄话

中国人彼此祝福的时候,总是习惯说:"祝您万事如意,心想事成!"但是,我们往往是一笑置之,并不把"心想事成"放在心上,但是事实往往却是跟随我们的主观意愿而发生。美好的愿望吸引着我们,我们就会不断追求,内心就会不断燃起奋斗的火焰,最后,我们就会让自己美梦成真。

第六章
用积极的力量去创造

　　成功总是留给有准备的人,如果我们总是光说不练,成功就永远不会到来。与其坐以待毙,不如马上采取行动。世上想要取得成功的人千千万,为什么成功会偏偏青睐于你? 想要成功,就要早他人一步采取行动,只有如此,成功才不会忘记你。坐而论道,不如起而行之。

　　行动是世界上最美的语言,而行动更会为我们带来无穷的吸引力。我们要做的就是让实践去检验真理,让行动去吸引成功。只有这样,成功才会来到我们身边。

让吸引力发挥作用

现实生活中,太过刻意的东西反而会不完美,而顺其自然的东西反而会非常美好。俗话说"人生不如意事十之八九",与其为不可能发生的事情担忧,不如去做一些自己有把握的事情,这样我们才能吸引到好心情,让我们每天的工作都事半功倍。

春秋战国时期,在宋国有一个人总是怕自己的禾苗长得不够高,就自己做主,把禾苗拔高了一些。劳作了一天,这个人非常疲劳。等到了第二天,他再去看的时候,被他拔起的禾苗都枯萎了。

这个"揠苗助长"的故事说明,很多事情,往往是欲速则不达。如果我们刻意地要求某件事情达成所愿,往往就会产生焦躁不安、犹豫不决等负面情绪,而这些情绪还会不断吸引到同类的情绪,直到我们完全被负面情绪所笼罩,这时如果反观当初的刻意追求,才明白原来竟是一场空。

我们每个人的意识中都有一道虚掩的门,就是这道门起到了保护我们的作用。如果这道门不能做到开关自如,等到我们吸引到的积极情绪想进来或者是我们准备排除的消极情绪想出去的时候,我们就会变得手足无措。吸引力的法则要求我们,不要刻意去追求什么,只要我们放松心情,认真地管好心灵的这扇门,吸引力才会走进我们的内心。

人们常说"强扭的瓜不甜",比之于刻意为之,顺其自然则是人生的一种境界。不为外物所动,做好自己才是王道,而吸引力也会非常青睐这样的人。因为这样的人随遇而安,不去刻意地追名逐利,往往会比别人收获更多的东西。

在一座寺庙的后院,稀稀拉拉地长了一些枯黄的杂草,寺庙的小徒弟看到了,就去买了一包草籽,打算回来播种。但是在播种过程中,草籽被风吹得到处都是。小徒弟眼看自己新买的草籽都被风吹散了,心里非常懊悔,就跑进屋里跟师父诉苦:"师父,我想在后院里种一些草籽,没想到,还没来得及种呢,草籽都被风吹跑了。"

师父淡然一笑:"没关系,草籽能被风吹走,说明草籽多半是空的,就算播种了,也不一定能长出来,你还有什么好担心的呢?随性吧!"

小徒弟回到寺庙的后院,随手捡起来一些草籽,又把它们播种到地里。就在这时,一群小鸟突然飞了过来,专挑饱满的草籽吃。小徒弟看到之后,非常气愤,就又马上跑到了师父跟前说:"师父,不好了,我刚播种下去的草籽都被小鸟吃光了,这下完了,明年这片土地肯定还是今年的这个样子。"

师父呷了一口茶,淡然说道:"没有关系,草籽有很多,小鸟就算再怎么吃都是吃不完的。你把心放到肚子里,过不了多久,小草就会长出来的,随缘吧!"

小徒弟对师父的回答很不满意,但是他也没有更好的办法,只好去睡觉了。他辗转难眠,一直在想那些草籽。忽然,听到外面雷声大作,不一会儿,倾盆大雨从空中倾泻下来。小徒弟的心里更担心了。等到东方刚刚泛白,小徒弟冲出了睡觉的屋子,到后院一看,发现地上的草籽都被大雨冲得干干净净。无奈之下,小徒弟又垂头丧气地来找师父了。

小徒弟惶急地说:"师父师父,不好了,昨晚下的那场大雨,把草籽都给冲走了!"

师父依然非常淡定:"不用担心,不管草籽被冲到哪里,它的生命都在那里继续,随它吧!"

没过多长时间,很多青翠的小草长了出来,小徒弟原来没有撒到的地方也长出了很多小草。

小徒弟非常开心,就找到了师父:"师父,我种的小草都长了出来!"

师父点了点头:"恩,不错,随喜吧!"

故事中"师父"是一个得道高僧,可谓参透世间万象了。人生需要的就是这种顺其自然的心境,只有拥有这样的心境,才会被自己所吸引,不会拘泥于一时一事的得失。人生是一场马拉松比赛,而不是百米赛跑,我们需要的是持之以恒的努力,而不是一时的意气用事。

顺其自然的人往往会更有吸引力,与其费尽思量,不如顺其自然,随遇而安。不管我们今天做什么,明天的天空照样会蓝,太阳也照样会去上班。

顺其自然并不是消极怠工,《阿甘正传》中的阿甘说:"有一天,我忽然想要去跑步,于是我就跑了起来。"顺其自然是人性中的一种本能吸引,不管别人怎么样,自己依然走自己的路,想快就快,想慢就慢,没有人能够左右。

只要我们拥有这样的心境,就会发挥出吸引力的最大功效,而我们的人生也将会变得更加丰富多彩,充满激情!

魔力悄悄话

顺其自然是一种心境,可以让我们超脱于尘世之外,不被纷繁复杂的事情所干扰。顺其自然会让我们的心里多一分明澈,让我们的人生多一分精彩。在顺其自然中,我们的吸引力也会随之不断显现出来。

让吸引力越来越强大

我们每个人都有追求美好的权利，都希望自己越来越好，吸引力越来越强大，成功唾手可得，只有如此这般，我们才会觉得自己的人生有价值。但是，我们往往会因为一些坏习惯而偏离了人生的正确走向。

有些人在做事之前，总是畏畏缩缩、犹豫不决，总是认为有一些事根本无法办成，就算再怎么努力也是徒劳的。如果我们的思想被这样的消极情绪所左右，吸引力的反力就会适时地被激发起来，严重地阻碍你的成功。一些看似不可能完成的事情，等到我们真的做到了，我们就会明白，惊喜其实是可以叠加的，而梦想也是可以照进现实的。

有些人总是嫉妒别人的成功，总是羡慕别人的成就，但是他们却不愿意去想其中的差距。如果不去想，差距就会增大，自己的坏习惯就会不断增加，蚕食掉至关重要的信心，而积聚起来的吸引力也会瞬间土崩瓦解。

态度决定一切，如果我们不丢掉一些坏习惯，比如上班总喜欢迟到，工作总喜欢懈怠，生活上总喜欢依赖——这些坏习惯是我们人生中的恶习，那么，我们的人生末日就会很快到来。

吸引力法则认为，如果我们总是特别在意自己的坏习惯，这样，我们就会被坏习惯所左右，把所有的注意力都放到了坏习惯上。这时，不单单是我们在吸引坏习惯，更多的是坏习惯在吸引我们。为什么人生总是喜剧少，悲剧多，主要原因就是我们不能及时摒弃恶习，反而被恶习所左右，这样一来，吸引力的反力将会爆发出强大的力量，不仅会让坏习惯成为我们人生的主宰，更会让好习惯的吸引力全部消失掉。

我们每个人都会立志，但是真正能付诸行动的人却在少数，这种不够坚持的做法会让我们的坏习惯不断滋长。坏习惯给我们带来的是消极情绪，而这些消极情绪是我们通往成功路上的绊脚石。我们要做的就是多去想一些好习惯，以积极的心态来面对人生，这样，吸引力的磁场才会起到一种积极的导向作用。

世上无难事,只怕有心人。习惯也是如此,坏习惯和好习惯虽然是对立的两个极端,但是这两个极端是可以转化的,关键是看孰强孰弱。正是因为我们有明确的目标,所以我们才会让自己的习惯屈从于自己的梦想,使之吸引自己,克服阻力,走向成功。

拿破仑·希尔是美国成功学的创始人,他在年轻的时候,就确定了自己的梦想,他要成为一名作家。他知道自己需要什么,于是就去不断学习,完善自己。但他的朋友总是劝他,说他的梦想只能归结为梦想,而这种梦想是根本不可能实现的。但是,拿破仑·希尔却不相信,他每天都会早起去打工,然后用积攒下来的钱去买字典。字典里有"不可能"三个字,拿破仑·希尔认为,自己的人生没有不可能,于是,他就用剪刀把这三个字剪掉了。

从此之后,拿破仑·希尔更加严格要求自己,让好习惯不断完善自己,让"不可能"从自己的脑海中消失。

经过不断地努力,拿破仑·希尔成了美国政商两界的著名导师,而他创造的《人人都能成功》一书,成了世界上最畅销的成功励志书籍之一。

无独有偶。维塔是一名推销员,他很年轻,非常有激情,他觉得凭借自己的不懈努力,一定能成为公司最成功的推销员。在他所在的公司,最成功的推销员是部门经理,他的推销成功的频率是一周90次。维塔决定以他为目标,一定要超过他,实现一周推销成功100次的目标。

到了周五的晚上,维塔查看了一下,他发现,自己已经成功推销了80次,100次的目标已经近在咫尺了。维塔既高兴又害怕,他怕自己会功亏一篑,但是他告诫自己,一定要成功!目标就是自己奋斗下去的动力,既然做了,就要做到最好!

到了周六下午3点钟。维塔的推销成功次数仍旧停留在80次,这段时间,他一件商品也没有推销出去。但是维塔看到的不是失望,而是希望,他坚信,梦想就在不远处,我要加油,因为成功只属于不断坚持,锲而不舍努力为之奋斗的人。

到了下午6点钟,维塔终于推销出去了3件商品。这再一次给了维塔以信心。到了晚上10点钟,维塔终于实现了一星期成功推销100次的目标。

维塔激情投入工作的态度和做法实在令人感佩!

有人说,其实梦想比什么都宝贵,而我们却说,其实好习惯和积极的心态同梦想一样重要,因为这些是我们取得成功的基石。

好习惯是一种看不见的力量,但是它却能在关键时刻,引导我们向成功迈进。如果我们被坏习惯所左右,我们的人生就会变得暗淡无光,我们就难以突围而出了。我们每时每刻都要告诫自己:"我是最强大的人,没有什么比我更强大!就算坏习惯也无法击倒我,它只是我们成功路上的调味品,终有一天,我们会看见成功的曙光!"

让坏习惯随风而去,让好习惯融进思维,只有这样,我们才能让吸引力继续在我们的人生中发光发热,才能改变人生!

魔力悄悄话

积极的心态能够影响人,而成功更是需要积极心态的指引。只要我们被积极心态吸引,好习惯就会自然发挥出作用,而坏习惯就一定会退避三舍。世界上没有办不成的事情,只有放弃和不敢挑战的人。

自信的人拥有强大的吸引力

一首闽南歌曲《爱拼才会赢》传遍了大江南北,影响了很多人,让他们重拾信心,再次踏上了寻找梦想的征程。歌中唱到:"三分天注定,七分靠打拼,爱拼才会赢!"这首歌所要表达的就是闽南人的那种非凡的自信,认为自己只要肯拼搏,一切事情都在掌握之中。

自信的人生才有魅力,毛泽东主席曾说:"自信人生两百年,会当水击三千里。"这是何等的自信,何等的豪情! 正是因为毛泽东拥有这样非凡的自信,才使他在革命生涯中气贯云天,取得了举世瞩目的伟大成就。

自信的人生有着巨大的吸引力,如果我们拥有了这样的吸引力,就算是再平凡的人,也会做出一番惊天伟绩;如果我们没有这样的吸引力,就算是再有能力,也很难成就一番伟业。态度决定高度,就是这个道理。更多的时候,失败的人不是没有自信,而是自信心被外在的人或事打败了,于是对自己产生了怀疑,进而失去了自信吸引力所能带来的强大磁场。

自信的人生是被人所称道的,我们可以从古人身上找到他们强大自信的影子。如司马迁在《史记·项羽本纪》中记载楚人语云"楚虽三户,亡秦者必楚";唐代大诗人李白说"长风破浪会有时,直挂云帆济沧海";明朝名臣于谦说"弃燕雀之小志,慕鸿鹄以高翔",等等。这些古人的自信箴言所散发出的强大吸引力,虽然历经数千年,如今读来,依旧在心中久久回荡,难以平息。

自信是人类生而具有的本能。我们每个人在刚出生的时候,都有一种自信的本能。三百六十行,各个有特长,通过自信,行行可以达成人生目标。如果说目标是终点,那么我们就是向终点奔跑的人,而自信,就是我们到达终点的捷径。

有些人常常会这样想:世界上最美好的东西,是一生都求而不得的。但是我们要知道,一件事、一件东西既然存在,它们存在的价值就是被人所重视,为人所利用,没有任何一件东西是简单孤立存在着的。如果我们只是不断轻贱自己的自信心,最后的结果只能是让我们走向穷途末路。

其实,自信的吸引力是很容易激发出来的,当我们自信的时候,我们就会觉得,没有比脚更长的路,没有比人更高的山。而这种强大的磁场是任何情绪都很难换回来的。有些人本来可以做大事,立大业,但是他们却一直在做小事,过着再平庸不过的生活,主要的原因就是他们没有强大的自信;很多成功的人,并不是因为他们的能力多突出,抑或是他们的运气多么好,他们成功最主要的原因就是他们自信,他们相信自己想要做的就一定能成功。正是这种磁场,鼓舞了他们,激励了他们,让他们取得了最后的成功。

疯狂英语的创始人李阳出身非常贫寒,而且由于性格内向,他的学习成绩非常不理想。

初三的时候,李阳到医院去治疗鼻炎,医生把电疗工具放好后就走开了,但不幸的是,设备竟然漏电。李阳因为内向,只是强自忍受,并没有叫喊,最后,在他的脸上留下了伤疤。

高三的时候,李阳的自信心遭受到了严重打击,几次因为学习成绩不理想就想要退学。在当时,他对自己今后的人生规划是:"找一份不需要和别人打交道的工作。"

1986 年,李阳在父母的帮助下,才勉强考入了兰州大学学习。但是在大学的时候,李阳因为高中时候的学习基础非常不好,逐渐跟不上老师的讲课速度了。大学二年级的时候,李阳就有 13 门课没有及格,经过很多次的补考,李阳才得以保住学籍,继续上学。

李阳的心里感到非常不平衡,他觉得自己在同学面前,抬不起头来。在此之后,李阳每天跑到校园空旷的地方大声朗读英语,而这种喊英语的方式,恰恰提升了他的自信心。

4 个月之后,李阳背诵下来了 10 多本英文书,并且背诵了大量的考题,英文水平也因此得到了显著提高。正是这次喊英语的亲身经历,让李阳收获到了强大的自信心,这次经历也让李阳终生难忘。

毕业之后,在父母的安排下,李阳来到了西北电子研究所。每天上班期间,他经常跑到 9 层楼的顶上去大喊英语,不管是酷暑还是严冬,李阳的英语锻炼从来没有间断过。

一年半之后,李阳来到广东人民广播电台英文台工作,这次工作调动,为李阳"疯狂英语"的创建积蓄了更为强劲的力量,最终他成为家喻户晓的成功人士。

　　无数事实证明,自信是成功者必备的素质之一。如果我们想要成功,就应该首先在心里形成这种自信心,让这种自信心潜移默化地影响到自己。如果自信心被激发出来,它所形成的吸引力就会产生一种强大的磁场,而这种磁场就会让我们受用终生。

魔力悄悄话

　　世上很多人在最初的时候,非常相信自己,但过一段时间遇到了挫折,他们就会半途而废,当初积累起来的自信心在瞬间消散于无形。卓越人物之所以能够成功,是因为他们在做事之前已经树立起了强大的自信心,并且百折不挠,勇往直前,为了实现梦想,不断努力奋斗。

让吸引力之花开放

在生活中,培养自己的吸引力很重要,但我们更应该注重从身边人的角度出发,考虑到他们的感受,这样,我们的吸引力才会发挥出最大效力。在现实生活中,我们总是非常自我,做任何事情都喜欢我行我素,总是认为自己做的才是最好的,但是现实往往是残酷的,我行我素的人的眼中只有自己,这样的自我意识就会盖过吸引力的光芒。

我们常说"仁者见仁,智者见智",这句话说的就是我们每个人都有自己独特的看法。

如果我们总是推己及人,认为自己想的别人也会这么想,自己做的别人也会这么做,这样一来,你就会因此产生自大自满的心理,而你所要做的事情就会更加没有限制了。这时的你就会把吸引力法则遗忘掉,这样的做法将会导致非常坏的结果。

我们如果想要吸引到别人,就要让别人走近你,而你也要学会站到对方的角度去思考问题。己所不欲,勿施于人。你要给别人的必须是你喜欢而且对方也喜欢的。

多站在别人的角度思考问题,我们才能结交到更多的朋友,如果我们总是我行我素,就算自己再强大,你的冷漠态度也不可能为你带来多少朋友。

换位思考,首先要考虑的不是自己的感受,而是别人的感受,他们才是你要吸引的对象,而你只是吸引力的制造者。

别人接受与否完全在于别人,而不在于我们自己。所以,先人后己是吸引力法则中的一条准则,而这就要求我们全心全意为达成自己的目标而奋斗。

现实中也有很多这样的故事:

有一个年轻的小女孩,想要学习发艺,但是经过一番辗转,还是没有人收留她。

但是小女孩仍然坚持,最后高学费拜了一位发艺高手为师。小女孩非常珍惜这次机会,每天都是废寝忘食地学习。三个月之后,小女孩就可以上岗工作了。

小女孩给第一位顾客染头发的时候,由于一时的紧张,竟然拿错了颜色,给顾客染完头发小女孩才发现,知道自己犯下了错。

顾客也大叫大嚷:"我要的是枣红色,怎么给我染成了黄色啊!"女孩战战兢兢地站在一旁,不敢化声。

这时,女孩的师父赶了过来,了解到事情经过之后,不住地向顾客道歉,当即表示,这次理发不收费了。顾客又骂了几句,扬长而去。

女孩心里不住地擂战鼓,她想:"这次坏了,师父一定会骂死我的。"

没想到,师父只是淡淡地说:"万事开头难。当年的我也是如此,也犯过类似的错误,只是自此之后,我向自己保证,永远不会再犯类似的错误了。如果我是你,我也希望你像我一样,能够尽快改正自己的错误。"

师父没有批评小女孩,但是小女孩却深刻认识到了自己错误的严重性。在此之后,小女孩做事非常认真,经过一段时间的努力,她终于成了当地非常受欢迎的理发师。

我们总是对自己的吸引力产生怀疑,为什么自己的吸引力不能影响到别人呢,难道是吸引力法则出了问题吗?其实不然,最根本的原因就在于你的内心,是你的思想在排斥和别人接触。换位思考,要求我们能体会到别人的情绪和想法,能理解到别人的立场和感受,并且能够设身处地地站到对方的角度去理解问题和处理问题。

换位思考,是吸引力影响他人所要跨出的第一步。想要吸引别人,就要吸引到自己,而要吸引到自己,就要学会推己及人。生活在世界上,没有任何一个人是单一的个体,我们每个人之间都有着千丝万缕的联系,如果我们不能从别人的角度去思考问题,那么,吸引力的磁场就很难发挥出它的强大作用。

不难看出,目标模糊不清或者方向出现偏差都是不能够获得你所欲求的。

目标只有看得见,才能做得好。费罗伦丝·查德威克虽然是个游泳好手,但也只有看到目标才能鼓足力量来完成她有能力完成的任务。所以,当

吸引力——迷花倚石忽已暝

你规划自己的成功之路该如何迈步时，千万记得首先要制定出明确的目标。否则，便有可能整天碌碌无为，陷入平庸的泥潭，终其一生也吸引不来自己所欲求的事物。

魔力悄悄话

　　如果我们没有换位思考的能力，那么，我们的想法和做法只是自己的一厢情愿，根本没有考虑到别人的感受。为了能够了解到别人的感受，我们必须要有换位思考的能力。这样，我们才能综合考虑到别人的想法，有了别人的加入，我们的吸引力才会尽情地绽放。

果敢的人能够感染身边的人

当断不断，必受其乱。面对棘手问题的时候，我们要做的不是犹豫不决、不是等待，而是应该及时出手，果断地把问题处理掉，优柔寡断会把我们带进无底深渊。记得一位哲人说过："优柔寡断的人从来不是属于他们自己的，他们属于任何可以控制他们的事物。一件又一件的事总在他犹豫不决时打断他，就好像小树枝在河里漂浮，被波浪一次次推动，卷入一些小旋涡。"由此可见，果敢的人拥有自己强大的吸引力磁场，他们的果敢会营造出一种气势，能够感染到身边的人。

古时行军打仗，我们常常会听到："将军一怒，千军辟易！"难道将军真的有万夫不当之勇，遇见不计其数的兵士，高喊一声，就使庞大的军队退避，以至于一路凯歌高奏吗？其实不然，这其中最主要的原因就在于将军的果敢。将军的果敢形成了一种吸引力磁场，不断潜移默化地影响到身边的兵士，而兵士也被将军的磁场所感染，认为自己也是无所不能的。这样果敢的将军，才是当之无愧的将军。

优柔寡断的人往往会与机会擦肩而过，他们不懂得把握，总是想再缓一缓也可以吧，过几分钟也没问题吧，但结果往往事与愿违，机会早已经随着时间的推移悄然消失掉了。如果想要成功，就要果敢地作出决定。犹豫只会加剧事情的恶化，而果敢则会避免事情进一步恶化，并且能够及时地把问题解决掉。

果敢的吸引力在现代社会也是显而易见的，我们所能看到的成功人士，他们就是果断行事的代表人物。如果没有果敢，他们是不可能成功的。成功之所以能够吸引成功，主要就在于吸引力所能形成的强大磁场，这种磁场能够让优秀的品质更加优秀，进而让一个人从成功继续走向成功。

胆小怕事和犹豫不决是我们内心脆弱的具体表现，做事总是喜欢瞻前顾后，对任何事情总是想尽全力做到最好，但是结果往往与愿望相背离。没有翻不过去的火焰山，只有不敢翻越火焰山的人。果敢是成功人士必备的道德品质,它会影响到我们的潜意识,而这种不断吸引一定会让我们受用终生。

有些人总是喜欢犹豫不决,但是等到事后,他才会追悔莫及。世上没有后悔药,更没有使时光倒流的机器,我们要做的就是要把握住现在,让自己绽放出最美好的光芒。果敢能够给我们带来希望,更能给我们带来吸引力。人生不是一劳永逸的,做事果敢、干练的人才会得到机会的青睐,才会取得成功。

战国时期,群雄逐鹿。秦国与赵国是邻国,秦国强大,赵国弱小,秦国始终有吞并赵国的野心。为此,秦昭襄王频繁派兵攻打赵国,一点点地蚕食着赵国的土地。

公元前279年,秦昭襄王准备在渑池约见赵惠文王。对于是否赴约的问题,赵惠文王很犹豫。但是赵国的谋臣蔺相如和大将廉颇都认为必须要去,因为若是不去,那分明就是在向秦国示弱了。

赵惠文王鼓足勇气启程去了秦国,为了以防万一,蔺相如随侍在赵惠文王身旁,李牧率领5000兵士护送,又让平原君率领几万名兵士在赵国边境整装待发。

在渑池之会上,秦昭襄王对赵惠文王说:"听说赵王鼓瑟技术非常好,不妨弹奏一曲,为大家助助兴!"没等赵惠文王回答,就吩咐手下把瑟拿了上来。赵王无奈,只好弹奏了一曲。

秦国史官当即把这件事记了下来,并且读了一遍:"某年某月某日,秦王和赵王在渑池相见,秦王命令赵王鼓瑟。"

赵王听了自然非常生气。这时,蔺相如拿出一个缶来,跪在秦王面前,要求他说:"听说秦王很会击缶,不如为大家演奏一曲,给大家助助酒兴!"

秦王非常生气,对蔺相如不加理会。蔺相如大喝道:"大王未免太欺负人了!大王的兵力虽然强大,但是我和大王相隔只有五步,如此近的距离,我身上的鲜血都可以溅到大王身上!"

秦王对蔺相如的威胁感到非常吃惊,不得不拿起缶,胡乱地敲了几下。

蔺相如马上叫来赵国史官,让他把这件事记下来,和秦国史官记录的如出一辙。

秦国的大臣见状哪肯罢休,有人站起来说:"请赵王割让15座城池为秦王祝寿!"

蔺相如也不甘示弱:"请秦王割让咸阳给赵王祝寿!"

一时间剑拔弩张,气氛非常紧张。秦王早就探知赵国大军驻扎在附近,如果兵戎相见,恐怕也讨不到便宜,便只好暂时忍住了。

在渑池之会上,蔺相如立了大功,赵惠文王非常高兴,回国后,就拜蔺相如为上卿。

在这个故事中,如果蔺相如做事不果敢,就会让自己和赵王深陷险地。蔺相如当断则断,平息了这场祸事。做事果敢不仅可以展现出自己超人的办事手段,更可以感染到身边的人。蔺相如就是如此,他的果断吓退了秦王,而秦王面对有强大磁场的蔺相如,也只能选择退却了。

果敢去做事吧!让别人感受到你的吸引力,这样,你的生活和工作才会一帆风顺!

魔力悄悄话

梦想其实并不遥远,关键在于你人生的几步路是否能走对,是否能当断则断。果敢有着巨大的吸引力,如果没有这种吸引力作为后盾,不管我们做什么事,都会被客观条件所左右,于是你会失去本应属于你的机会。

不断散发出你的吸引力

与其说成功取决于人的能力,不如说成功取决于人的渴望。成功的绿灯只会为那些渴望成功,并且不断付出努力的人而打开,就算生命终结在顷刻之间,他们对于成功的渴望也不会减退分毫。无论人生出现什么困难,不管未来有多么艰辛,他们总是会相信自己一定能走向成功。

心有多大,成功就有多大。如果我们失去了对成功的渴望,人生还有什么意义呢?坚持是对成功者最好的诠释,而渴望也会激发出我们隐藏在内心的吸引力,因为正是吸引力形成的强大磁场带领我们不断向成功迈进。如果我们只有渴望,只是凭空去想而不去做,那么,我们也会白白浪费掉自己这颗渴望的心。

不管在生活中还是在工作中,我们不能因为事情简单而撒手不做,把平凡的小事做好,做到精益求精,就是一种伟大。渴望是吸引力一种潜意识的激发,它是吸引力对成功的一种强大吸引。渴望引发源源不断的热情,而这种热情又是来源于对成功的渴望。吸引力为我们带来的,就是在渴望背后我们对成功充满的激情。

司马光是北宋时期的文学家,他在史学方面有着非凡的成就,他编纂的《资治通鉴》可以和司马迁的《史记》相媲美。《资治通鉴》为我们讲述了从战国周威烈王到五代周世宗,长达1300多年的历史,全书共294卷,不仅如此,书中还有目录和考异各30卷,规模大得惊人。

司马光为了能够著成此书,可谓大费周折,他翻阅的资料超过3000万字,每天都是不停地工作,经常彻夜不眠。就这样,寒来暑往,历时19年,在司马光66岁的时候,终成此书。《资治通鉴》完成后,还没来得及出版,司马光就与世长辞了。但这部著作是中国第一部编年体通史,在中国史书中有极重要的地位。

司马光的坚持，就在于他对成功的渴望。如果我们能像司马光一样，每天保持对成功的渴望，坚持不懈地去努力，我们也会取得成功的。

如果有两个人对坐，在两人中间放上一块面包，一个人表现出对面包强烈的渴望，而另外一个人则表现出无所谓，对面包视而不见，最后的结果肯定是第一个人得到了面包。对于成功视而不见的人是不可能成功的，因为他们没有产生对成功的吸引力；渴望成功，为了成功孜孜以求、不断付出努力的人，他们对于成功的吸引力是显而易见的。

1917 年，希尔顿怀揣着要成为一名银行家的梦想，筹集到了 5000 美元，他准备开一家小银行，然后再另谋发展。但是，在当时，银行产业已经饱和了，希尔顿的第一笔投资就打了水漂儿。

希尔顿创业失败之后，心里非常苦闷，但是他没有气馁，他渴望成功，他觉得自己的斗志正在燃烧，他相信，在不久的将来，自己一定能创出一片属于自己的天地。

就在希尔顿苦恼的时候，他听说得克萨斯州有石油，有很多人都跑去挖石油了，而且他们现在都因为挖石油而成了富翁。但是，等到希尔顿到了的时候他才发现，挖石油需要一大笔启动资金，对于刚受到创业失败打击的希尔顿来说，这笔大数目的启动资金简直就是一个天文数字。

无奈之下的希尔顿只好去了一家旅馆，他想休息一晚，等到第二天再想办法，没想到，旅馆竟然没有空房。希尔顿从旅馆人员那里得知，现在挖石油的人很多，旅馆客房每天都会爆满。旅馆每天分成三个时间段，每个时间段 8 个小时。希尔顿敏锐地感觉到，以这样的方式来对外面的人出租客房，每 8 个小时的价钱和以前每一天的价钱相同，这就说明旅馆每天会多获得两倍的利润。

希尔顿看到了希望，他想把这家旅馆买下来。这个决定，为希尔顿日后酒店业的发展打下了坚实的基础。

经过一段时间的发展，1925 年，希尔顿在达拉斯建造出了自己的第一家希尔顿酒店。但是好景不长，1929 年，美国出现了经济危机。但是希尔顿没有气馁，他选择了继续坚持，最后，创造出了属于他的酒店王国。

在现实生活中，梦想并不遥远，只要我们多一些渴望，不要让自己的脚步停下，不断坚持，这时，我们的吸引力就会源源不断散发出来，而成功也会被我们吸引过来。对成功充满渴望的人,因为有目标,就会不断散发出热情,带领自己走向成功。

人生走一条不断前行的道路,而我们选择坚持,就是源于我们对成功的不断渴望。吸引力法则之所以会发挥强大的效力,主要原因就是我们都有渴望,而这种渴望就是吸引力的催化剂。渴望成功,吸引力才会被不断激发,而成功才会越来越清晰。

魔力悄悄话

吸引力对成功的吸引在于我们不断地坚持,如果我们在奋斗途中倒下了,那么吸引力的光芒也会到此戛然而止。没有对成功的渴望,就没有源源不断对成功的吸引力,没有这种吸引,就算再可能发生的事也会变得不可能。

第七章
修炼你的吸引力

如果你认为自己不行,那么你就肯定不行;如果你认为自己行,那么你就一定能行。这就是吸引力的力量。吸引力会在潜意识里为你营造一个成功的磁场,让你不断受到磁场的作用,进而指引自己向成功迈进。

成功的关键在于,我们潜意识认为我们能成功,这样,我们才能不断被吸引,才能取得成功。其实,梦想并不是远在天边,而是近在眼前,我们需要的就是让成功不断吸引自己,自己也不断吸引成功,只有这样不断地坚持,梦想才会成为现实。

不要忽略了自己的感受

既然无法得到,不如就放手让它去吧!也许山的那一边有更好的风景!忘记才会减轻我们内心的负重,才会让我们学会解脱。如果我们脑子里总是对某件事或者某个人无法忘却,总是耿耿于怀的话,那么,我们的心理负担就会不断加剧,就会陷入难以摆脱的梦魇。

吸引力法则认为,如果我们越是在意一种情绪,这种情绪对我们的影响就越大;相反的,如果我们忽视这种情绪,让这种情绪逐渐变淡,随着时间的推移,这种情绪就自然会消失。我们要让负面情绪逐渐淡化,这样才能收到最佳效果。

对待负面情绪,如果只是一味地抵制,就会遭到负面情绪的抵抗,最后造成两败俱伤的后果。比如医生在对待病情严重的人时,一般会先用平和的药物对患者进行梳理,等到病体平和之后,再用猛药进行治疗,这样才会收到药到病除的效果。由此可见,越是在意的,吸引力的反力就会越大,在我们脑海里的这种情绪就越无法根除。正是因为你脑海里不断被情绪所影响,所以你才会在意,而这种情绪就会变成你挥之不去的梦魇。

在生活中,我们对待滔滔不绝说话的人也是如此,如果我们也和他一样滔滔不绝的话,只会激起和强化对方的对抗意识,他们就会变得更加口无遮拦,这时你再想抵制,就变得非常困难了。

如果对某件事或者某个人念念不忘,那么这件事或者这个人我们就很难忘记;如果我们在意识中能把不好的情绪过滤掉,那么,我们就会变得心如止水,再难被负面情绪影响到了。

三国时期的关羽,在一次战斗中,不幸被毒箭射中胳膊,为了治疗受伤的胳膊,华佗决定为其医治。但在当时,医疗水平还非常落后,根本没有好的麻药为关羽缓解病痛。为了能够及时处理伤口,华佗决定马上为关羽医治。华佗取出刀来,直接为关羽刮骨疗伤,而关羽则是喝酒下棋,状似悠闲,丝毫没有病痛的感觉。只见关羽臂上鲜红的血液汩汩而出,骨头被刮得沙沙作响,但是关羽仍然处之泰然,好像刮骨疗伤这件事不是发生在自己身上的。最后,治疗完受伤的胳膊,华佗惊称关羽为"天人",竟然能忍受这么大的病痛。

如果我们学会遗忘,把生命中的一些不愉快写在纸上,折成纸飞机,扔进无边的大海中,这时,我们的心里就会变得轻松多了。

人生的最高境界,不是在于拥有,而是在于遗忘,遗忘可以为我们的心灵减压,可以让我们卸下心灵的沉重,找到人生新的起点。

真正取得成功的人,都是善于利用吸引力法则的人。越是追求成功的人,就越会把成功的意识放在自己心中,让成功的意识在自己的心底生根发芽,逐渐长成参天大树。与此同时,他们更能忽略失败,让失败的阴影逐渐离自己远去。正是因为这样,成功的阳光才照进了成功者的心灵。这样的内心修为,恰恰就是我们每个人应该学习的。

魔力悄悄话

吸引力的周围会产生磁场,不管是好的事情还是坏的事情,它都能照单全收。不管是快乐还是悲伤,只要我们拥有这样的情绪,它就会吸引到同类的情绪。我们要做的就是过滤掉这些不好的情绪,让快乐吸引到积极的情绪,这样,我们的人生才会快乐,才会幸福。

不要被自己的想法所吸引

机会总是眷顾那些有准备的人,同样,机会不会喜欢那些投机取巧的人。如果我们想要成功,就要放下成见,让自己的内心服从于自己的主观意愿。

如果我们总是去想不喜欢的事情,我们的潜意识就会被自己的想法所吸引,而一件事情你越是不喜欢,心底越担心它发生,在这样的状态下,这件事情就在你潜意识的吸引下发生了。

俄国著名作家车尔尼雪夫斯基主张,应该将多样憧憬服从于主要憧憬,这才是"一个具有崇高德行的人",他还坦言:"不错,为了这,我必须常常跟自己作斗争。"我们在人生中会遇到各种各样的风景,但是我们不能因为走得太远,而忘记了当初为什么要出发。

在人生旅途中,最好的风景永远都在路上,如果我们总是拘泥于身边的无用之事,就会错过了人生中最美的风景。不要去想不喜欢的事情,只要让它淡化,喜欢的事情就会出现。

吸引力在很大程度上说的是注意力,不管是你的思想还是你的视觉,长久注意到的东西就会被吸引,而吸引到的这些东西就像是滚雪球一样越滚越大,很难剥离。

如果希望不喜欢的事情不发生,我们最应该做的就是不去想。我们越是去想,越是会被吸引。如果我们对不喜欢的事情不闻不问,不萦于怀,不喜欢的事情就自然会远离我们。刻意地去想就会产生吸引力,与此同时,也会产生吸引力反力,而任凭风浪起,稳坐钓鱼台,就不会出现那么多无可奈何的事情了。

有些人喜欢毫无意义地唠叨,如果我们总听到这些话,耳濡目染,就会被其左右,最好的办法就是保持本我,不被表面现象所蒙蔽,让吸引力在最适当的地方发挥出最大的威力。

我们每个人不仅拥有实实在在的物质世界,而且拥有非常真切的精神世界。精神世界包括我们头脑中各种各样的意识，这些意识有无穷无尽的能量，可以对我们的欲望做出最合理的分析。而我们要做的，就是去其糟粕，取其精华，这样留下来的，才是最好的。

中国古人常说，"由俭入奢易，由奢入俭难"，足见很多坏习惯一旦养成就很难改掉。越是众人不喜欢的东西，越是有人喜欢"虽千万人吾往矣"，这是人性中的本能，总是喜欢叛逆。事实往往与大多数人的愿望背道而驰。最后的结果是惨痛的。

不喜欢的事就是违背我们主观意愿的事，我们要做的就是不去想它，不要被这些不喜欢的事所吸引，我们要做的就是不断追求自己喜欢的，不断被吸引，不断去吸引，这样，我们的人生才会快乐。

唐朝时，有思想家写了本书叫《无能子》，书中的主人公只有一人，那就是"无能子"。就在这个人身上，发生了很多有趣的故事。

无能子居住在一家姓景的人家。有一天晚上，这家院子里的树上来了一只猫头鹰，总是咕噜噜地叫，非常难听，景家人非常生气，就找到弹弓，准备把这只猫头鹰打死。

正当此时，无能子跑了过来问道："你们在干什么？为什么要打猫头鹰？"

景家人说："你没听老人说过吗？猫头鹰很不吉利，它飞到谁家，就是在数谁家的眉毛，数清楚之后，这家的人就会死了。现在，如果我能把它打死，我的家人才不会出事。"

无能子哈哈大笑着说："鸟怎么能决定人的生死呢？猫头鹰来了，也不一定会带来灾难；凤凰来了，也不一定能带来什么好事。我们还是随遇而安吧，不要去打它了。"

景家人听完无能子的话，觉得很有道理，就不打猫头鹰了。半个月过去了，景家也没发生什么事。

在生活中，医生给病人打针是司空见惯的事，并没什么可怕的，但是在小孩看来就是一件天大的事情。小孩子在打针之前就开始一把鼻涕一把泪的，针还没打呢，就开始哭了，本来没什么可怕的打针也会变得非常痛苦了。

在古代，行军打仗之前总会有一些忌讳，当这些忌讳出现的时候，将士就会产生消极的心理，出征之前，将士的心里就会想：这次出征是否真的会有去无回？自己可不想死啊！如果全军将士都被这种思想所吸引，战败就是注定的事。

人是有信念的，我们要注意信念的吸引力，不能让信念被不喜欢的事情吸引住。我们要做的就是不断地去关注成功，这样才能不断地吸引成功，才能被成功所青睐。

魔力悄悄话

很多我们不喜欢的事情是很难发生的，而这些事情有时候会发生，主要原因就是因为我们潜意识在影响我们。假如我们的思想中总是相信这些事情会发生，那么，这些事情最后就真的会发生。

顺应你的天性

吸引力法则的工作原理,很像发射和接收无线电波。你的频率必须和你希望接收的频率相匹配。你不能将收音机调到调频 87.5H$_z$ 却希望收到调频为 110.7H$_z$ 广播电台的节目。你的能量必须与发送者的能量频率同步或者相匹配。因此,必须将你的振动调整到一个积极的频率上,你才能吸引积极的能量回应于你。

快乐是你与生俱来的天性和权利,你应该学着顺应你的天性,使用你的权利,做你喜欢的事情,探寻生命的喜悦,寻找一种合适的方式表达自己,舒展自己,并无私地帮助他人,这是你不可推卸的责任。

接下来,我们看这样一则关爱吸引关爱,并给予生命喜悦的故事:

在一条乡间公路上,乔依开着那辆破汽车慢慢地颠簸着往前走。已是黄昏了,伴随着寒风,雪花纷纷扬扬地飘落下来。飞舞的雪花钻进破旧的汽车,他不禁打了几个寒战。这条路上几乎看不见汽车,更没有人影。乔依工作的工厂在前不久倒闭了,他的心里很是凄凉。

前面的路边上好像有什么。乔依定睛一看,是一辆车。走近时,乔依才发现车旁还有一位身材矮小的老妇人,她满脸皱纹,在寒风中微微发抖。看见脸上带着微笑的乔依,她反倒紧张地闭上了眼睛。乔依很理解她的感受,赶紧安慰她说:"请别害怕,夫人,您怎么不待在车里?里面暖和些。对了,我叫乔依。"

原来她的车胎瘪了,乔依让她坐进车里,自己爬进她的车底下找一块地方放置千斤顶。他的脚踝被蹭破了,因为他没穿袜子。为了干活方便,他摘下了破手套,两只手冻得几乎没有知觉。他喘着粗气,清水鼻涕也流下来了,呼出的一点点热气才使脸上的各种水分没有冻上。他的手蹭破了,也顾不上擦流出的血。

当他干完活时,两只手上沾满了油污,衣服也更脏了。乔依扣上那车的后备厢时,老妇人摇下车窗,满脸感激地告诉他说,她在这个荒无人烟的地方已经等了一个多小时了,她又冷又怕,几乎完全绝望了。老妇人一边打开钱包一边问:"我该给你多少钱?"

乔依愣住了,他从没想到他应该得到钱的回报。他以前在困难的时候也常常得到别人的帮助,所以他从来就认为帮助有困难的人是一件天经地义的事,他一直就是这么做的。

乔依笑着对老妇人说:"如果您遇上一个需要帮助的人,就给他一点帮助吧。"乔依看着老妇人的车开走以后,才启动了自己的破汽车。老妇人沿着山路开了几公里,来到了一个小餐馆,她打算吃点东西,然后回家。餐馆里面十分破旧,光线昏暗。

店主是一位年轻的女人,她热情地送上一条雪白的毛巾,让老妇人擦干头发上的雪水,老妇人感到心里很舒服。她发现这位女店主的脸上虽然带着甜甜的微笑,可掩盖不住她极度的疲劳。更重要的是,她怀孕至少8个月了,尽管如此,她还是忙来忙去地为老妇人端茶送饭。老妇人突然想起了乔依。

老妇人用完餐,付了钱。当女店主把找回的钱交给她时,发现她已经不在了。只见餐桌上有一个小纸包,打开纸包,里面装着一些钱。餐桌上还留有一张纸条。上面写着:"在我困难的时候,有人帮助了我。现在我也想帮帮你。"女店主不禁潸然泪下。

她关上店门,走进里屋,发现丈夫不知什么时候已经倒在床上睡着了。她不忍心叫醒他。他为了找工作,已经快急疯了。她轻轻地亲吻着丈夫那粗糙的脸额,喃喃地说:"一切都会好起来的,亲爱的,乔依……"

乔依醒来后,妻子告诉他说:"乔依,今天餐馆里来了一个老妇人,她看上去非常疲劳。

她吃完饭后,等我把零钱找给她时,她已经不知去向了,她留下了一张纸条。"说着妻子把纸条掏出给乔依看,"这张就是老妇人留下的纸条,当时里面还包着一些钱。"乔依看完了纸条后,不禁想起今天自己所帮助的老妇人,乔依问道:"你还记得她长什么样吗?"妻子想了想说:"她矮矮胖胖,满脸皱纹的脸上洋溢着淡淡的微笑。虽然她看上去很弱小,但是她帮助了我们。"乔依听了以后,笑了,他对妻子说:"亲爱的,世界上有那么多的好人,我们一定会得到他们的关心与帮助的。所以我们会幸福的,以后我们也要帮助更多的人,让他们获得幸福。"妻子笑着点了点头。

吸引力——迷花倚石忽已瞑

　　按照吸引力法则,当我们变成更快乐、更感恩的个体时,我们就创造了一个与所有美好的事物相一致的振动频率,宇宙会接收到这个频率,我们会吸引更多的快乐和富足,这样,我们的世界就会变得越来越美好。你看,我们的力量是多么伟大,我们是在转化整个宇宙的能量为我们所用!

魔力悄悄话

　　如果你想获取更多的快乐和成功,你就必须让自己的生活节奏与宇宙的自然节拍保持协调,并且与吸引力法则保持一致。你要让自己生活在更加感恩,更加平和,更高自我感知的状态之中。

发现成功的吸引力

成功和失败,看起来是两个对立的极端,但是如果没有失败的积淀,成功就显得没那么伟大了。正因为有了失败的积淀,才使得成功变得更加耀眼。其实,人生不在于成功了多少次,而在于我们失败之后爬起来多少次。

正因为成功路上有荆棘,有恶浪,所以我们才更需要吸引力法则,因为它可以让我们发现成功的吸引力,不会因困难而迷失方向。很多人总是感觉,成功已经很近了,仿佛成功就在眼前向我们招手致意,但是,最近的时候往往就是改变成功走向的时候。离成功越近,我们就会感觉自己的精力越接近极限,很难再向前迈进一步。在这时,我们更需要吸引力发挥作用,让吸引力继续激发出我们的潜能,这样,我们才会拥有奋斗下去的动力。勇于挑战,吸引力才会青睐你。

中国人常说,人定胜天。其实,现实中,我们没有解决不了的事情,面对困难的时候,我们的本能反应就是退却,不去奋斗行不行?退一步行不行?而这时,我们要做的就是把自己的后路堵死,这样,我们的潜力才能得到最大限度的激发。

康熙十二年春,康熙皇帝作出撤藩的决定,想要缓解三藩(平西王吴三桂、平南王尚可喜、靖南王耿精忠)对自己的威胁。但是吴三桂却不买账,采取了极端措施,准备和康熙大唱对手戏。一时间,吴三桂军队势如破竹,大清国半壁江山沦陷于吴三桂手中。康熙看到这样的局面,一时间想到了逃避,不想再做皇帝了。

清代杰出的女政治家孝庄太后对康熙说:"想解决问题,最好的办法不是逃避,而是勇敢承担起自己的责任,这样,你才能打败自己的心魔,改变现在不利的局面!"

康熙顿时恍然大悟,大胆起用汉人,让他们作为征西的先锋。最后,历时8年的三藩之乱被平定,康熙巩固了自己的帝位。

古今成大事者,不唯有超世之才,更有坚忍不拔之志。只有勇于奋斗,不能光说不练,人的吸引力才能被激发出来。有些人只是把梦想藏在心里,如果梦想在心里藏了太久,不拿出来,是不可能实现的。如果我们想要成功,勇于挑战就显得非常重要了。

勇于挑战可以让我们的周围形成吸引力的磁场,就算实现梦想的道路再艰辛,吸引力也能激发出我们的潜意识,不断感染我们,这样,我们才能被这种氛围熏陶。没有完美的准备,只有勇敢的实践。有人总是希望等到万事俱备,才去采取行动,但是,等到万事俱备的时候,机会早已经擦肩而过了。

虽然想法很重要,但是想法却不能给我们带来成功,任何事情,只有行动之后,才能发现它的价值。

如果我们在心里说"改天再做吧""拖一天两天没问题",等等,如果我们被这样的消极情绪所影响,就算我们有再大的雄心壮志,也只能让雄心壮志憋在心里,永远没有实现的那一天。

面对棘手问题的时候,我们要做的就是要勇于实践。而勇气给我们带来的就是吸引力,给我们带来的就是一种磁场,而这种磁场就会由内而外地影响到我们,带领我们走向成功。

有一个年轻人在工作上很不顺,屡屡碰壁,于是,他就去拜访了一位长者,两个人不知不觉间就谈起了命运。年轻人问:"人活着这一辈子,到底有没有命运啊?"

长者说:"当然有。"

年轻人更为不解地问:"既然有命运,那么,不管我们努力与否,命运都是一样的了,那我们奋斗还有什么用?"

长者没有回答,而是抓起了年轻人的左手,然后给年轻人讲起手相中的爱情线、命运线、事业线等。等到长者讲完之后,长者就说:"你把手伸开,然后举起左手,慢慢握紧拳头。"

年轻人握紧之后,长者问:"你握紧了吗?"

年轻人说:"握紧了。"

长者又问:"命运线在哪里?"

年轻人本能地回答道:"在我的手里啊!"

长者又问:"那命运呢?"

年轻人这时才恍然大悟："原来，命运一直都在我的手里啊！"

无独有偶。有一个传教士，他在过一条河时被湍急的河流拦住了去路。这时，正好有一只船划了过来。

传教士上了船，船夫就划起船来。船在湍急的河流中非常安稳，没过多久，就到达了河中央。

传教士觉得，划船其实也挺有趣，就说："你歇一会儿，让我来试一试。"

船夫没有考虑就答应了。只见传教士不住地在胸口画十字，口中念念有词："上帝，赐予我力量吧！顺利把船送到对岸吧！"但是，传教士念了很长时间，船不仅没向前走，反而向后退了一段距离。

船夫实在忍耐不下去了："先生，还是让我来吧！"传教士无奈，只得退后。船夫继续划起船来，没过多久，船就抵达了对岸。

上面的例子说明，想法很重要，但是恐惧、担心只会让想法永远停留在最初阶段，而想法能给我们带来的吸引力也只能归结为空想了。命运只掌握在我们自己手中，关键在于我们怎么去做，而我们的做法就决定了我们今后的发展。如果像传教士一样，只会说，恨不得不费吹灰之力就达到目标，这样的事是不可能的。

南宋大诗人陆游在一首教子诗《冬夜读书示子聿》中说："纸上得来终觉浅，绝知此事要躬行。"

要想取得成功，必须要敢想敢做。如果只是习惯空想的话，那么，成功就会变得越来越遥远了。吸引力只青睐勇敢的人，中国人常常会听到"红粉赠佳人，宝剑赠英雄"这样的说法，但是何为英雄？勇敢付诸实践的人就是英雄。

魔力悄悄话

梦想看起来很近，实际上却很远。如果我们只停留在想的阶段，梦想就会变得越来越远，再也无法走进现实了。我们要明白梦想的遥远，更要明白行动才是我们实现梦想的第一前提。

变化着的吸引力

中国人常说"旧的不去,新的不来",吸引力法则也是如此。我们的吸引力每天都在更新,都在变化,这是由于我们每天都在变化,就像新陈代谢一样自然。但是,如果我们每天都在不断重复地做事情,如何能超越自己,取得成功呢!为此,我们要做的就是焕发出自己的激情,敢破敢立,超越自己,做好自己。

在人生的道路上,我们不要总去为自己找借口,不要总是为鸡毛蒜皮的小事耿耿于怀,任何事情都会随着时间和空间的消逝而不断变化。如果想要做最好的自己,就要求我们每天都要完成蜕变,让自己不断进步,这样我们才能找到全新的自己。

吸引力也喜欢懂得变通的人,这些人正是因为对自己的不满足,进而选择告别旧的自己,迎接新的自己。

穷则变,变则通,肯定自己之后,我们就要认识到自己的不足,不断改变自己,使得自己符合吸引力存在的标准,让自己向它靠拢,只有这样,我们才会做最好的自己。

我们需要吸引力,吸引力也需要我们,二者是相辅相成的,并且只要运用得当,就能让吸引力法则在我们身上发挥出最好的结果。

超越自己,首先要做的就是认清自己,不断努力奋斗,不断满足自己的需要,而就是在这个过程中,吸引力才会发挥出巨大的作用,融合到我们的潜意识中去,让我们重新看到人生的希望。

我们每个人都是最强大的个体,但是当我们还没有达到预期目标的时候,首先应该学会审视自己,从中发现自己需要摒弃的东西,找到值得自己坚守和发扬的东西,这样,我们才能在不破不立中,实现超越自己的目标。比如让一个人去跑步,如果没有时间限制,同样的距离,他肯定会跑得非常慢,但如果让这个人后面跟着一条凶猛的狗的话,我想,这个人就能激发出自己的潜能,突破自己的极限,大大地加快速度,实现超越自我的目标了。

　　假如我们现在正处于一个不好的位置,我们要做的就是及时排除掉心中的陈旧观念,迎接新的观念。只有你表现得非常强大,别人才会被你的吸引力磁场所感染,进而来帮助你;如果你软弱,别人只会远离你,根本无法感受到你的吸引力。

　　如果我们想要成功,首先就要拿出敢破敢立的气势来,这样,我们才能被自己的吸引力所感染,进而实现超越自己的梦想。懦弱的人是没有资格谈论成功的,如果我们像在水中渴求空气一样渴求成功,我们才会激发出自身的潜力,使之为我们的吸引力而服务。

　　我们能复制成功的辉煌,但是却不能复制成功者的思想,除非我们拿出这种敢破敢立的勇气来。

　　小泽征尔是世界著名的音乐指挥家,他的成功不单单是因为他在音乐上的天赋,更是来源于他非凡的自信。

　　有一次,小泽征尔去欧洲参加指挥家比赛,在三甲争夺战中,他被安排在最后一个出场,评委在他上台之前给了他一张乐谱。

　　当小泽征尔进行指挥的时候,他发现乐谱中有些不对的地方,指挥的时候,他以为是演奏者的问题,但是,再演奏的时候,他还是觉得有问题。在场的评委和权威人士都认为乐谱绝对没有问题,可能是小泽征尔产生了错觉。

　　面对大师们,小泽征尔没有对自己的判断产生动摇,而是思考再三,仍然坚持自己的判断:"肯定有问题! 一定是乐谱错了!"

　　小泽征尔的喊声一落地,评委们就起立为他鼓起掌来,祝贺他大赛夺冠。原来这是评委们精心设下的圈套,前面的选手纷纷放弃了自己的判断,只有小泽征尔一而再再而三地坚持,最后,夺得了这场比赛的冠军。

　　如果没有敢破敢立的气势,小泽征尔不会在自己的人生道路上取得成功,他们就会怀疑自己,不敢坚持,最后,只能和机会说再见了。

　　每一位成功者的道路都是艰辛的,没有任何一个人的成功道路是一帆风顺的。我们要做的就是不为外界所动,坚持自己,这样,我们才能取得成功。

　　敢破敢立是一种舍我其谁的气势,更是一种非凡的吸引力,这样的吸引力会产生一个强大的磁场,不断勾起我们心底的欲望,带领我们向着成功不断迈进。人生就是一个新旧交替的过程,我们在生命中的每一天都会产生各种各样的想法,但是这些想法不会永远都是合乎规律的,当它不再适用的时候,我们要做的就是及时将它摒弃,随时补充上新的想法,以此来不断完善自己。

魔力悄悄话

　　"信念"二字如果拆开来看,我们会发现,"信"字是由"人"和"言"组成的;"念"字是由"今"和"心"组成的。"信念"这两个字通过拆字法来解释,就是"今天我们在心里对自己说的话"。我们只有在潜意识中告诉自己能行,我们才真的能行,才会有吸引力被激发出来,才会离成功越来越近。

认识内在的自我

　　降临到这个宇宙中的每个人生来都带着一个专属自己的小跟班儿，只是相当多的人都对其视若无睹。有人称这个小跟班儿为"内在的自我"，也有人称它为"高等的自我""开拓的自我""神性的自我"……其实，无论怎么称呼它都可以（因为名称只是实体的一个代号而已），反正它本质上就是我们的实体躯壳附带而来的一个重要的部分。若没有它，我们就没有实体，因为它是我们生存的来源（也许不是赋予我们生命，不过是维持我们生命的源泉）。它由纯粹的积极能量所形成，而我们正是整体积极能量的一部分。

　　每个人身上都潜藏着一个无所不知，但从未探出头来的神秘成分，那就是它。它比较广博，比较年长，比较有智慧，它是我们每一个人的无限延伸，而它与我们沟通的方式只有一种，就是通过"感觉"来沟通！

　　这个与生俱来的自我延伸，振动的频率，至少有我们感觉上像是"极乐超脱"的频率那么高，然后再一路升腾到更高的境界。其实，它就算跌在伸手不见五指的黑洞里，也浑然不知缺乏或紧张的感觉。但如果我们振动得像它那么快的话，我们的物质形态就保不住了，所以我们只是尽可能地以与它相近的频率来振动，例如高频率的纯然愉悦、快活、赞颂、进步等种种相当于人生幸福的感觉。这就是我们之所以在心情好的时候觉得如此舒畅的原因。因为你振动的频率，很接近真正的自我！在那当下，你，与你非实体的那个自我是同步的，彼此密切相关，沉浸在高频率的奇妙之中。

　　所以，我们心情好的时候，振动得会比较快，而快速的振动正好符合我们生来的设计。这一来，我们就逃开了恐惧之类——我们的身体感到陌生的低频波循环。我们置身于一个可以得到答案与指导的环境里，因为此时我们的振波与真实的自我是携手并进的。

　　同样的道理，如果我们发出缺乏或焦虑的振波，也就是任何与喜悦无关的感觉，就等于是把自己与不可见的伙伴之间的联系给解开了。这个时候，事事相违，而感觉起来也是诸事不顺。这就好比是把一只又大、又蓬松的新玩具维尼熊送给一个娃娃，然后又把维尼熊抢走。你把这娃娃与带给他非常欢喜的东西分散开，这孩子当然不会高兴啦！

所以，当我们心情好的时候，我们是跟"内在的自我"连在一起，而且振动的频率也比较接近。不过我们情绪低落、消沉，或是没什么感觉的时候，就跟"内在的自我"断开了，而相伴而来的低频振波，不但陌生，我们的身体也会对其产生排斥。换句话说、凡是跟愉悦扯不上关系的，便都是负面的感觉，这种感觉就像是在吞铁钉，会令人极不舒适。

我们要做的，就是认识内在的自我，关注自身有什么样的感觉，是好或坏，是激昂还是低沉。哲学家告诉我们："那些心灵陷入盲区、心存盲点的人，是一些自己不知道自己的人。"但我们的心灵为什么会盲目呢？或许是被生活的阴影笼罩了，或许是被愚昧封闭了，或许是被虚幻的东西迷惑了，或许只是我们自己闭上了心灵的眼睛。

俊美的那可勒斯，在湖边看见一个人的身影，他恋上了那个湖中的人。他甚至为湖中的人而伤神、憔悴，终于，因为抑郁过度而死。最让人感到可悲的是，他到死都不知道，他曾苦苦相恋的那个湖中人就是他自己。

这个神话听起来似乎有些荒诞，但古希腊的人们在德尔斐神庙大门上写着这样一句话："认识你自己"，并把它奉为"阿波罗神谕"，因为它象征着最高的智慧。

然而，认识自我是一个极其漫长的过程。但是，为了全面地洞悉自我，为了估量自身的价值，为了确定自己人生的目标，为了选择自己应处的地位，为了能够脚踏实地勇往直前而不至于盲目虚妄，为了坚守目标而不至于随波逐流，为了体现自身的价值而不至于一生碌碌无为，我们必须尽力地探究我们自己。

有一位老师，常常教导他的学生说：人贵有自知之明，做人就要做一个自知的人。唯有自知，方能知人。有个学生在课堂上提问道："请问老师，您是否知道您自己呢？"

"是呀，我究竟知道自己吗？"老师想，"嗯，我回去后一定要好好观察、思考、了解一下我自己的个性，我自己的心灵。"

回到家里，老师拿来一面镜子，仔细观察自己的容貌、表情，然后再来分析自己的个性。首先，他看到了自己亮闪闪的秃顶。"嗯，不错，莎士比亚就有个亮闪闪的秃顶。"他想；他看到了自己的鹰钩鼻。"嗯，英国大侦探福尔摩斯——世界级的聪明大师就有一副漂亮的鹰钩鼻。"他想;他看到自己具有一副大长脸。"嗨！大文豪苏轼就有一副大长脸。"他想;他发现自己个子矮小。"哈哈！拿破仑个子矮小,我也同样矮小。"他想;他发现自己具有一双大撇蹩脚。"呀,卓别林就有一双大撇蹩脚!"他想;于是,他终于有了"自知"之明。

"古今中外,名人、伟人、聪明人的特点集中于我一身,我是一个不同于一般的人,我将前途无量。"第二天,他对他的学生这样说。

这个故事幽默之中充满了讽刺意味,这样的"自知"还不如"不知"。我们所说的自知是真正地了解分析自己身上所具有的特点,更多的是自己内在的东西,而不是外在特征。

魔力悄悄话

当你遇到事情不急不躁,仍能十分冷静,说明你是一个沉着、冷静的人;当你遇到遇事急躁、手忙脚乱的人,你会发现他与自己的不同,这样你就可以评价他是一个浮躁的人。

肯定自己是个聪明的人

信念是对于某件事有把握的一种感觉。比如,当你相信自己是个聪明的智慧达人,这时说起话来的口气便非常有力量:"我觉得我超级睿智。"当你对自己的智慧很有把握时,就能充分发挥脑力,干出一番好的成绩来。

世界三级跳远冠军米兰·提夫,在8岁之前患了小儿麻痹症,但经过自己学走、学跑,终于研究出怎样的姿势合乎自然法则,结果,他跳出了世界上最远的纪录。

当有人问他:"到底是什么原因,使你成为奥运金牌得主和世界纪录保持者呢?"他回答道:"当我参加比赛时,一般人都在看我跳远当时的表现,其实,任何运动比赛的成功,不单决定于他表现的那个时刻,重要的是,决定于他表现之前所作的准备。"

因此,他只要看运动选手所做的热身体操,就可以知道那位选手肌肉的松弛程度和得胜的概率。而能不能表现良好,不在于这个人能不能,而在于那个时刻,这个人的心态是否达到巅峰,他是否作好完善的心理准备及拥有必胜的信念。

事实上,这种凭借积极的态度和信念,使平凡的人做出不平凡事业的例子不胜枚举。

罗杰·罗尔斯是美国纽约第五十三任州长,也是纽约历史上第一位黑人州长。

他出生在纽约声名狼藉的大沙头贫民窟,那儿环境肮脏,充满暴力,是偷渡者和流浪汉的聚集地。

在那儿出生的孩子,从小耳濡目染,打架、逃学、偷着吸毒,长大后很少有人获得较体面的工作。而罗杰·罗尔斯是个例外,他不仅考上了大学,而且当上了州长。

在他就职时的招待会上，到会的记者向他提出了一个问题："是什么把你推向州长的位置的？"面对众多记者，罗尔斯对自己的奋斗史只字未提，他只说了一个陌生的名字——皮尔·保罗。后来人们才知道，皮尔·保罗是他小学的校长。

1961 年，皮尔·保罗被聘为诺必塔小学的董事兼校长。当时正值美国嬉皮士流行的时代，他来到大沙头诺必塔小学的时候，发现这里的穷孩子比"迷惘的一代"还要无所事事。他们不与老师合作，他们旷课、斗殴，甚至砸烂教室的黑板。

皮尔·保罗想了很多办法来引导他们，可是没有一次是奏效的。后来他发现这些孩子都很迷信，于是在他上课的时候就多了一项内容——给学生们看手相。

当罗尔斯从窗台上跳下，伸着小手走向讲台时，皮尔·保罗说："我一看你修长的小拇指就知道，将来你会是纽约的州长。"当时，罗尔斯大吃一惊，因为长这么大只有奶奶让他振奋过一次，说他可以成为五吨重的小船的船长。

这一次，皮尔·保罗先生竟说他可以成为纽约州的州长，着实出乎他的意料。他记下了这句话，并且相信了皮尔·保罗。

从那天起，纽约州州长就像一面旗帜：他的衣服不再沾满泥土，他说话时也不再夹杂污言秽语，他开始挺直腰杆走路。之后，他成了班主席，在以后的 40 多年中，他没有一天不按州长的身份要求自己。51 岁那年，他真的成了州长。

在他的就职演讲中，有这么一段话。他说："信念值多少钱？信念是不值钱的，它有时甚至是一个善意的欺骗，然而你一旦坚持下去，它就会迅速升值。"

信念，其实说到底，就是一个人对自身潜能的认可，是对自身价值的重新定位。再重申一次：怀有坚定的信念，远比拥有才能更重要。态度决定一切！

思想观念，像别的东西一样，是同类相吸，异类相斥的。心胸为某一种思想所占领，则这种思想一定会把那些与之相反的思想驱除。乐观的思想会赶走悲观，愉快会赶走忧愁，希望会赶走失望。

吸引力——迷花倚石忽已暝

心中充满了爱的阳光,怨恨与报复的思想,自然会遁形消失。所以,每个人都应该非常坚决地认定:"我的生命,原来应该是充溢着爱、美、真。我的生命,原来应该表现出这些,而不是表现出与之相反的东西。"

魔力悄悄话

如果你自己是个优柔寡断、没有坚定信念,或对自己实在是没有把握,那么,你就很难充分发挥自身所拥有的各样能力。从这种意义上说,怀有坚定的信念,远比拥有才能更重要。